Notes / Ex

Table des matières

Préface

Merci beaucoup d'avoir choisi ce livre!

En tant qu'ingénieur et passionné de longue date par l'impression 3D, je connais en détail tous les pièges de l'impression 3D. L'impression 3D est un processus qui doit être appris. Par conséquent, l'imprimante 3D peut initialement (et c'est ce que j'ai ressenti, et probablement la plupart des gens qui commencent à imprimer en 3D) produire une variété de formes disgracieuses.

Cela peut rapidement vous conduire au désespoir et vous priver de la joie de cette technologie ingénieuse. Surtout si les mauvais résultats d'impression ne se limitent pas au début de l'impression 3D, mais se produisent encore et encore, ou si vous n'avez pas de solution adéquate pour améliorer la qualité d'impression.

Pour tous ceux qui recherchent une collection de toutes les images d'erreur d'impression 3D sous la forme d'un manuel compact, cet abécédaire a été créé. Dans les pages suivantes, vous trouverez une section avec une description du modèle d'erreur, une section sur les causes possibles et bien sûr une section avec des étapes concrètes pour résoudre le problème. De nombreuses photos vous aident à résoudre les problèmes et soutiennent le contenu du livre!

Ce livre est conçu pour les débutants et les utilisateurs avancés de l'impression 3D.

Avec ce livre, ils peuvent acquérir une base solide en matière de dépannage de l'impression 3D et apprendre tout ce qu'il faut savoir pour:

a) la prévention des erreurs d'impression en 3D dès le départ,

b) la classification des défauts d'impression 3D déjà survenus,

c) l'analyse des causes profondes,

d) la recherche d'une solution appropriée au problème.

Allons au fond des erreurs!

1 L'essentiel: Trucs et astuces pour de très bons résultats

Avant de commencer l'impression 3D, vous devez vous assurer que les principes de base suivants ont été suffisamment pris en compte:

a)   **Le lit d'impression est nivelé:**

La nivellement du lit est l'un des processus les plus fondamentaux de l'impression 3D. Si la distance entre la buse et le lit d'impression n'est pas correcte (trop grande / trop petite), l'objet à imprimer n'adhérera pas. Au chapitre 4, vous trouverez un guide de nivellement qui explique le processus de nivellement correct.

b)   **Les vis sont serrées / les courroies sont tendues:**

Vérifiez que toutes les vis de l'imprimante 3D sont suffisamment serrées et que toutes les courroies d'entraînement sont suffisamment serrées, car des irrégularités mécaniques peuvent également entraîner des erreurs d'impression.

c)   **Site d'installation solide:**

L'imprimante 3D doit être placée sur une plate-forme solide et absorbant les vibrations, comme un établi solide ou un cadre en aluminium. Sinon, des vibrations peuvent s'accumuler et être transmises à la tête d'impression, ce qui peut avoir un effet négatif sur le résultat de l'impression.

d)   **Variables d'environnement:**

Faites fonctionner l'imprimante 3D dans une pièce où la température est constante entre 20 et 23 degrés Celsius et où l'humidité est faible (jusqu'à environ 40 %).

Les filaments ouverts doivent être stockés dans une boîte fermée avec un matériau absorbant l'humidité. La pièce doit également être aussi exempte que possible de poussière, d'huile et d'autres substances (garage, chaufferie: plutôt inapproprié).

e)   **Température du lit d'impression et de la buse:**

Choisissez une température pour le lit de impression et la buse qui correspond au filament. Ceci est généralement spécifié par le fabricant du filament et peut être trouvé sur l'emballage. Imprimez une "Temperature Tower" (thingiverse.com) pour trouver la température d'impression optimale.

f)   **Vitesse d'impression:**

Imprimer à une vitesse (générale) lente (par exemple: 60-100 mm/s) Vous obtiendrez ainsi une bien meilleure qualité d'impression.

Instructions de sécurité pour l'impression 3D :

Figure 1: Instructions de sécurité pour l'impression en 3D

Pour faire fondre le filament, la buse doit chauffer jusqu'à environ 200° C. Le lit de impression chauffe également jusqu'à environ 60° C. Il y a donc un risque élevé de brûlures, notamment au niveau de la buse. Ne touchez pas les pièces mobiles lorsque l'imprimante est en marche; il y a risque d'écrasement. Trouvez un endroit approprié pour installer l'imprimante 3D, idéalement dans une pièce quelque peu fermée, car l'imprimante génère un certain bruit et des vapeurs (dangereuses pour la santé, par exemple avec l'ABS) peuvent être produites. Veillez également à ce que les enfants et les animaux domestiques n'aient pas accès à l'imprimante 3D. Il est également conseillé de passer quelques minutes au début de l'impression pour vérifier que tout fonctionne correctement, ainsi que pour vérifier l'imprimante 3D ou installer une caméra de temps en temps pendant le processus d'impression.

Avant d'aborder les images d'erreurs spécifiques, vous trouverez d'abord dans les chapitres suivants un répertoire avec des illustrations et des références de chapitres permettant d'identifier facilement une erreur d'impression (comparer / rechercher des erreurs d'impression et rechercher une référence de chapitre). En outre, vous trouverez un chapitre sur les composants généraux et les parties critiques d'une imprimante 3D FDM et un guide de nivellement!

2 Répertoire d'images pour faciliter le dépannage

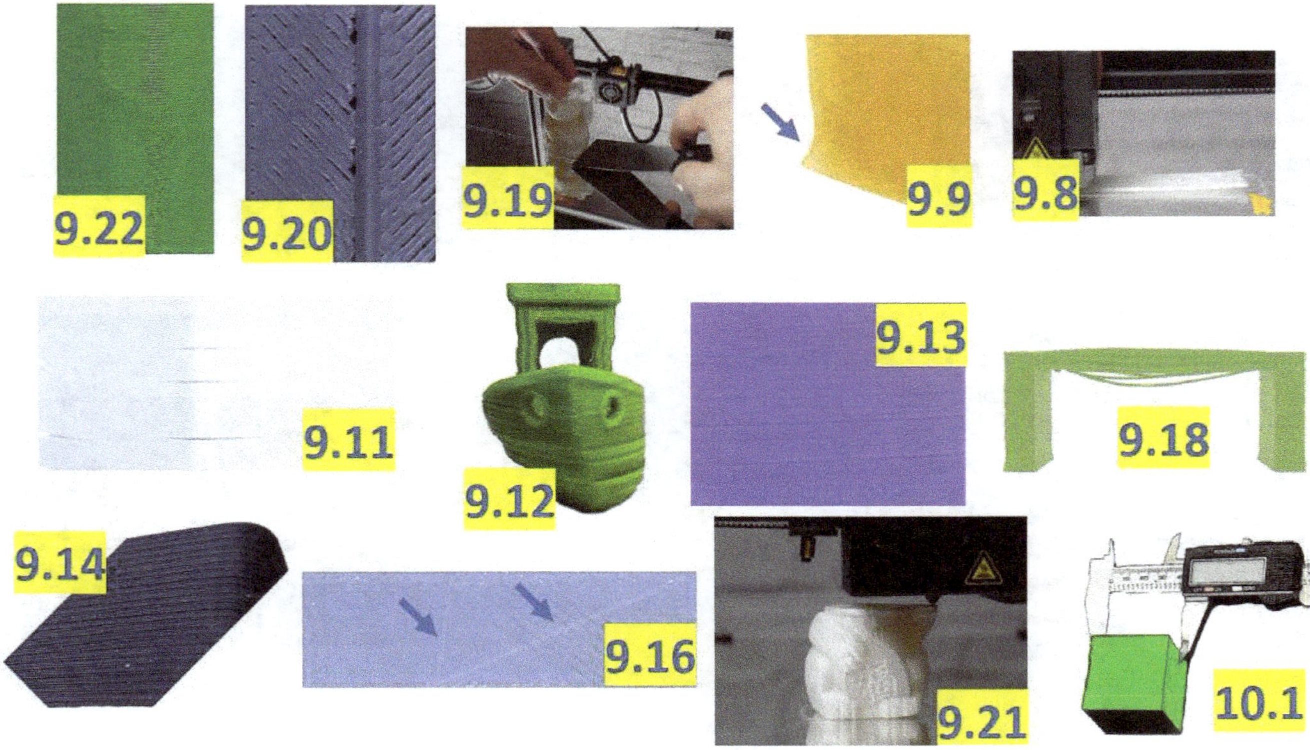

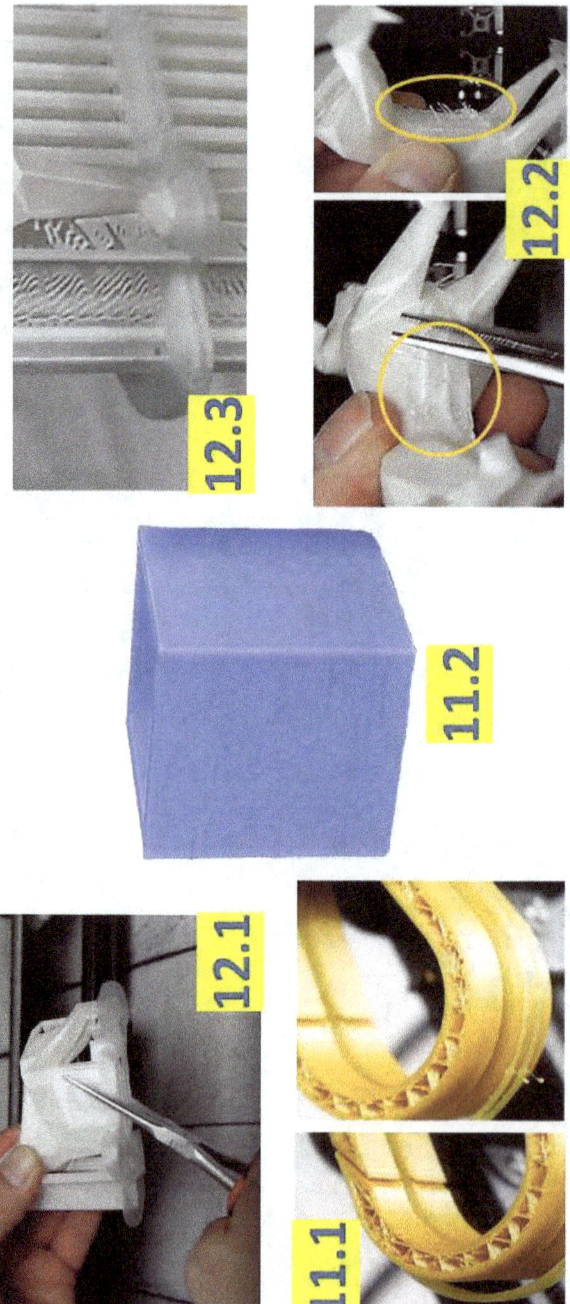

3 Composants et pièces essentiels d'une imprimante 3D FDM

Une imprimante 3D FDM se compose des éléments de base suivants:

    i.   Cadre pour le maintien des composants,

    ii.   Plate-forme de impression (également lit de impression) avec élément chauffant (en option) et possibilités de réglage de la hauteur,

    iii.   Moteurs avec éléments d'entraînement : poulie / courroie,

    iv.   Extrudeuse pour l'alimentation des filaments,

    v.   Axe(s) z motorisé(s),

    vi.   "Hot-End" avec buse et ventilateurs,

    vii. Électronique avec contrôleur et alimentation électrique.

Facultatif: Capteur de filament (arrête l'imprimante si l'alimentation en filament est défectueuse), capteur de mise à niveau automatique du lit d'impression, plateau d'impression en continu (ou comme ici un miroir).

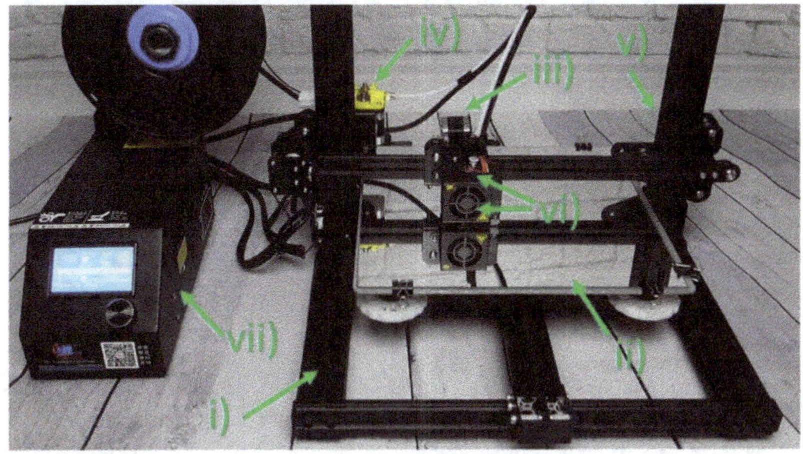

Figure 2: Composants d'une imprimante 3D FDM (CR-10 de Creality)

Composantes sujettes aux erreurs:

D'un point de vue mécanique, la rigidité globale du cadre d'impression 3D (raidisseurs / connexions mécaniques), les éléments d'entraînement (courroies), les éléments de guidage (roulements à billes / poulies) et de l'axe (des axes) z est particulièrement critique pour la qualité d'impression réalisable. Dans ce cas, il convient de choisir une imprimante avec un cadre rigide (si nécessaire, des raidisseurs transversaux doivent être fixés), de tendre suffisamment toutes les courroies d'entraînement, de vérifier les connexions mécaniques et de contrôler le bon fonctionnement des éléments de guidage et les tolérances (trop de "jeu" est mauvais; trop peu aussi).

Les autres composants importants sont les éléments chauffants, tels que la "Hot-End" et l'élément chauffant de la lit d'impression, ainsi que leur régulateur PID (régulation en boucle fermée). Ces éléments doivent être capables de fournir une puissance de chauffage aussi constante que possible. Des fluctuations trop importantes peuvent entraîner des problèmes, notamment au niveau de la "Hot-End" et de la buse. Dans la plupart des cas, cependant, cette boucle de contrôle fonctionne de manière fiable.

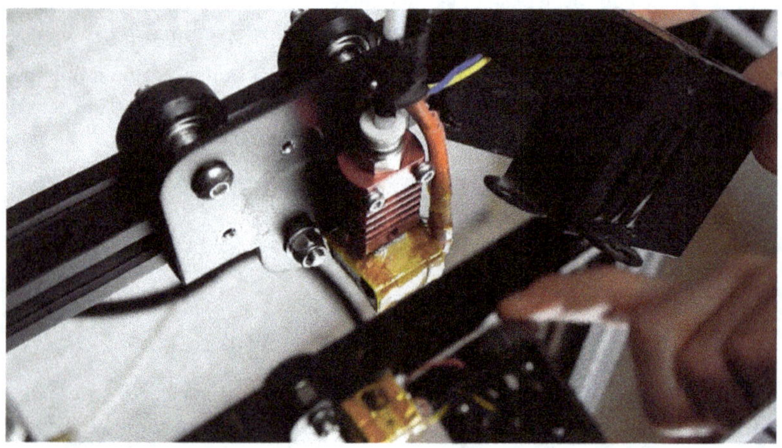

Figure 3: La "Hot-End" d'une imprimante 3D (CR-10)

La principale source d'erreur dans l'impression 3D (même à côté d'un lit d'impression mal nivelé - en fait, c'est l'un des principaux échecs des novices de l'impression 3D) se trouve dans le domaine intangible des logiciels d'impression 3D et du processus de découpage. Le choix des paramètres de découpage a donc un impact fondamental sur la qualité de l'objet imprimé. Le logiciel de découpage recommandé est le programme Cura by Ultimaker, qui peut être téléchargé gratuitement sur l'internet. Un miroir est recommandé comme plateforme d'impression. Les miroirs doivent être fabriqués relativement plats pour éviter les images extrêmement déformées et représentent donc une plateforme idéale (rapport qualité-prix) pour l'impression 3D. Avec un miroir, l'adhérence de l'objet est étonnamment bonne même sans aucune aide, et le dessous de l'impression devient presque "miroir lisse". Les imprimantes 3D de moins de 500 € permettent généralement d'économiser sur la précision de production d'éléments tels que le lit d'impression (plaque d'aluminium ou de verre), ce qui peut entraîner un "affaissement" du lit d'impression, en particulier dans la zone centrale, et donc même le nivellement le plus méticuleux du lit d'impression est infructueux.

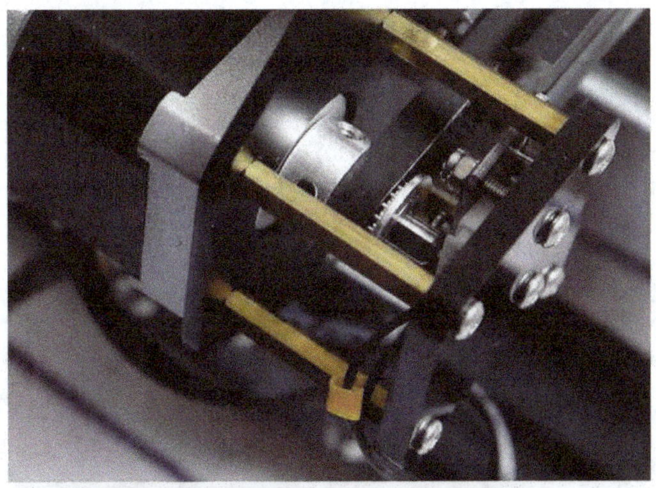

Figure 4: Moteurs pas à pas avec poulie, rouleau de guidage et courroie d'entraînement

4 Le plus important: Guide de nivellement

Pour le processus de nivellement manuel, nous chauffons la buse et le lit d'impression à la température souhaitée via le menu de l'imprimante 3D (buse: 210° Celsius; lit: 60° Celsius). Veillez à toujours niveler dans cet état chaud, car les matériaux se dilatent sous l'influence de la chaleur et faussent ainsi le résultat. Ensuite, sélectionnez l'élément "Home Position" sous "Prepare" dans le menu de l'imprimante (exemple de menu: CR-10). L'imprimante se déplace maintenant vers une position de départ définie. Dans ce cas, à l'angle avant gauche du lit d'impression. Ceci est nécessaire pour obtenir toujours la même distance z entre la buse et le lit d'impression au début du processus d'impression.

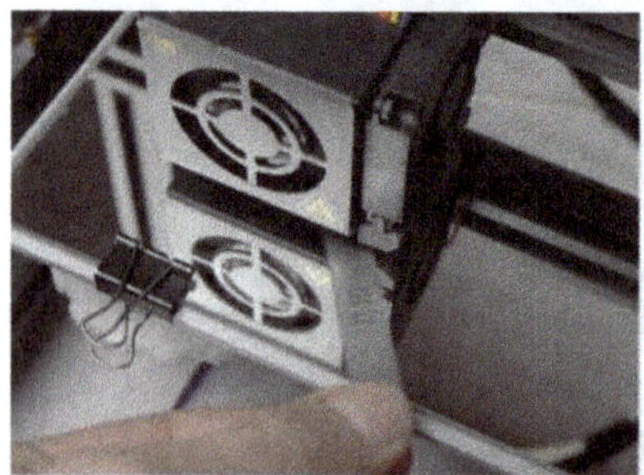

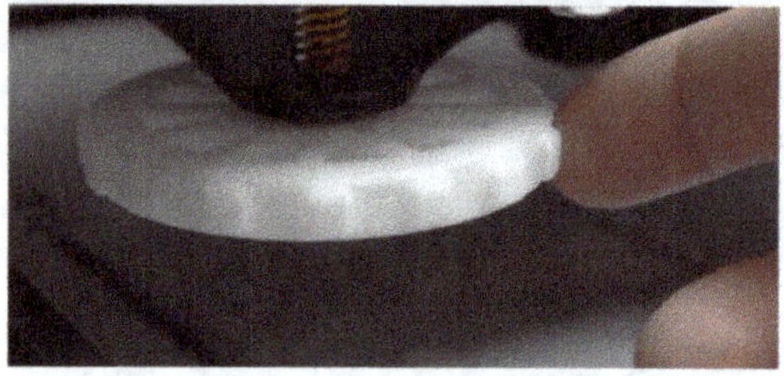

Figure 5: Niveler le lit à l'aide d'une jauge de distance ou d'une feuille de papier

Le processus de nivellement fonctionne mieux avec une distance ou une jauge d'épaisseur de 0,1 ou 0,2 mm. Si vous n'en avez pas sous la main, vous pouvez utiliser un morceau de papier. Guidez la jauge de distance ou la feuille de papier entre la buse et le lit d'impression pour vérifier la distance. La jauge d'épaisseur doit être placée juste entre la buse et le lit d'impression, et vous devez entendre un léger (!) grattage lorsque vous déplacez la feuille de papier. Si la distance est trop grande ou trop petite, réglez la distance avec les roues de réglage du lit d'impression.

Effectuez la procédure dans les quatre coins, puis répétez cette procédure une ou même deux fois (jusqu'à ce que vous soyez sûr que la distance est relativement identique en tous points). Si vous utilisez une feuille de papier, assurez-vous que la feuille ne peut être déplacée que très légèrement. Alors la distance est juste.

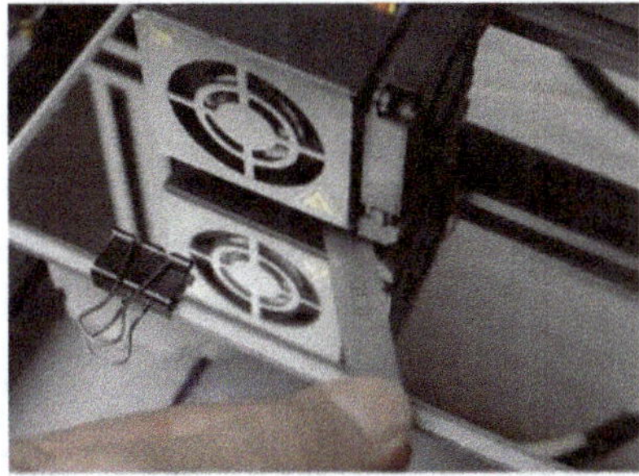

Figure 6: Il est essentiel de niveler le lit de impression en plusieurs points

Si la première impression ne colle pas, il est conseillé de réduire légèrement la distance entre la buse et le lit de impression. Une trop grande distance entre la buse et le lit est l'une des erreurs les plus courantes des débutants. D'autre part, la buse ne doit jamais traîner sur le lit d'impression lorsque la tête d'impression est en mouvement! Dans le pire des cas, cela peut endommager votre lit d'impression, votre buse d'impression ou l'ensemble de l'imprimante 3D.

Les modèles d'imprimantes 3D les plus récents sont souvent déjà équipés - selon le modèle - d'un capteur permettant de régler automatiquement la distance entre la buse et le lit d'impression. Toutefois, là aussi, il est conseillé d'effectuer un nivellement manuel lors du démarrage initial afin d'obtenir une surface de départ bien préparée.

Pour les imprimantes sans capteur, telles que la première CR-10, un calibrage du lit d'impression doit être répété régulièrement après 10 à 20 cycles d'impression ou en cas d'autres incohérences ou de mauvaise adhérence du lit d'impression. Pour les imprimantes équipées de capteurs, telles que la CR-10s Pro, ce processus **manuel** n'est généralement plus nécessaire.

5 Problèmes généraux du lit à impression

5.1 Le lit d'impression n'atteint pas la température (complètement)

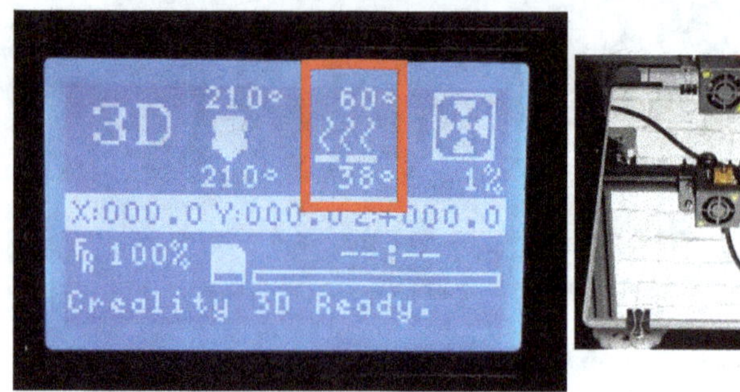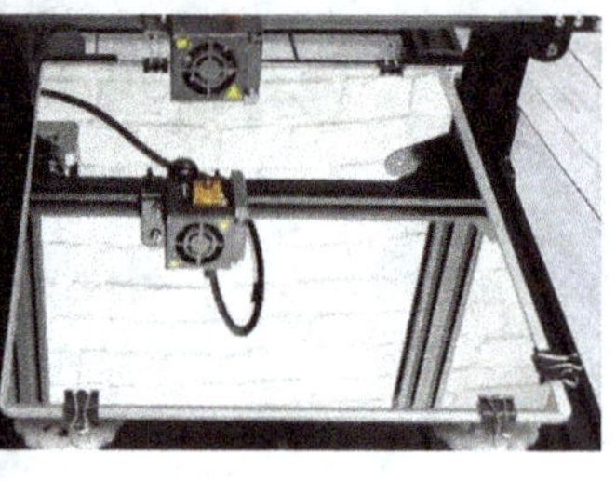

Figure 7: Le lit à impression n'atteint pas la température souhaitée

Problème:

Le lit d'impression reste froid ou n'atteint pas la température souhaitée.

Cause(s):

i. Le câble du lit chauffant ou la fiche de raccordement présente une interruption de ligne / un contact desserré
ii. Le "gcode" a été créé sans réglage de la température du lit d'impression
iii. Le contrôleur PID de l'imprimante 3D est défectueux
iv. Température ambiante très froide; l'imprimante met beaucoup de temps à chauffer / n'atteint pas la température finale souhaitée

Solution(s):

i. Remplacer le câble du lit chauffant et vérifier la continuité des connexions à l'aide d'un multimètre
ii. Enregistrer la température du lit d'impression dans les paramètres de découpe et découper un nouveau "gcode"
iii. Remplacer ou faire remplacer le contrôleur PID
iv. Utiliser un boîtier pour l'imprimante 3D (éventuellement chauffé) et/ou imprimer dans une pièce où la température est d'au moins 20-23° Celsius

5.2 Le lit d'impression ne peut pas être suffisamment nivelé

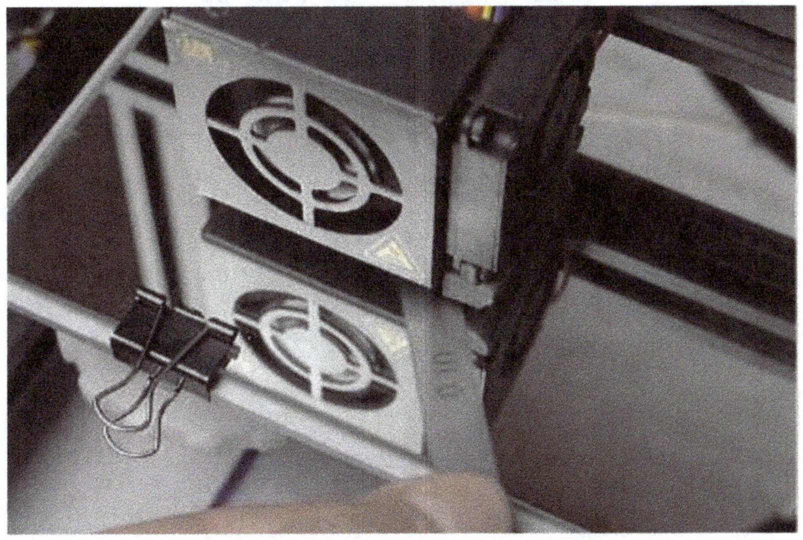

Figure 8: Le nivellement du lit d'impression échoue

Problème:

Le lit d'impresion ne devient pas assez plat malgré des nivellements répétés; la distance entre la buse et le lit de impression n'est pas correcte à certains endroits.

Cause(s):

i.   La plate-forme n'est pas assez plate
ii.   La plate-forme est bombée au milieu
iii.   L'axe (les axes) de l'imprimante 3D n'est (ne sont) pas suffisamment parallèle(s) au lit d'impression

Solution(s):

i.   Remplacer la plate-forme / utiliser un miroir (voir le guide de nivellement)
ii.   Installez une petite plate-forme de levage réglable sous le centre du lit d'impression pour compenser le bombement
iii.   Vérifiez les axes de l'imprimante 3D pour un montage et un alignement corrects

6 Problèmes généraux avec la "Hot-End"

6.1 La "Hot-End" ne chauffe pas

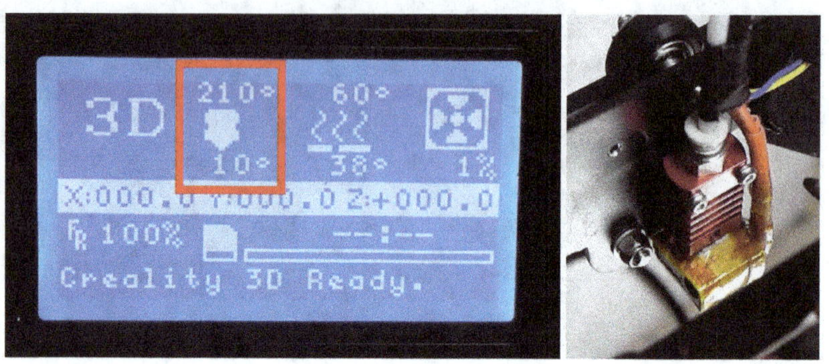

Figure 9: La buse n'atteint pas la température requise

Problème:

La "Hot-End" reste froid ou n'atteint pas la température souhaitée.

Cause(s):

- i. Une interruption de ligne dans la "Hot End"/ un contact lâche des prises de connexion
- ii. Le "gcode" a été créé incorrecte
- iii. Le contrôleur PID de l'imprimante 3D est défectueux
- iv. La température ambiante est très froide; l'imprimante met beaucoup de temps à chauffer
- v. Si la "Hot End" n'atteint pas la température finale: les ventilateurs sont réglés trop haut

Solution(s):

- i. Vérifiez tous les câbles et connecteurs à l'aide d'un multimètre
- ii. Modification des paramètres de découpage
- iii. Faire remplacer ou échanger le contrôleur PID
- iv. Utiliser un boîtier pour l'imprimante 3D (éventuellement chauffé) et/ou imprimer dans une pièce où la température est d'au moins 20-23° Celsius
- v. Réduire la vitesse du ventilateur (paramètres de coupe) ou ne le laisser démarrer qu'après un certain temps

6.2 La buse est obstruée

Figure 10: La buse de l'imprimante 3D est obstruée

Problème:

La buse de l'imprimante 3D n'émet pas ou très peu de matière. Vous pouvez entendre des bruits de cliquetis provenant de l'extrudeuse.

Cause(s):

i.   Il y a des résidus de filaments dans la buse

ii. Une vitesse d'alimentation trop rapide et un effet de compactage / bourrage de matériaux qui en résulte

iii. La sortie de la buse est bloquée (usure / déformation due à un dommage mécanique)

iv. La température d'impression est trop basse → Le filament n'est pas correctement fondu

Solution(s):

i.   Chauffez la buse à environ 250 ° Celsius et nettoyez-la avec une aiguille d'acupuncture (Attention: danger de brûlures!)

ii. Réduire la vitesse d'alimentation dans les paramètres de découpage

iii. Remplacer complètement la buse (éventuellement aussi le "Hot End") si les dépôts / le colmatage sont trop forts et/ou si la buse est trop usée

iv. Utiliser une température d'impression adéquate (fabricant de filaments)

7 Tout début est difficile

7.1 L'imprimante 3D ou le processus d'impression ne démarre pas

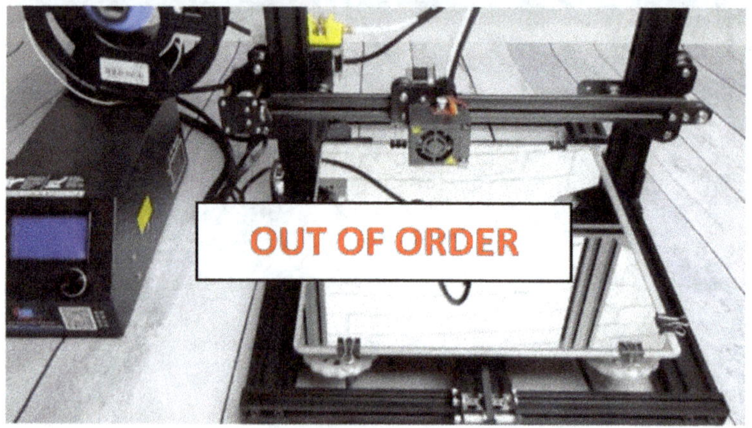

Figure 11: L'imprimante 3D ne démarre pas l'impression

Description:

L'imprimante 3D refuse de fonctionner et ne démarre pas. La tête d'impression ne bouge pas, et le filament n'est pas extrudé. Cependant, la buse / le lit d'impression peut chauffer.

Causes et solutions possibles:
Informations de base: Vérifiez que l'imprimante est branchée sur le secteur et que tous les connecteurs et câbles sont intacts. Vérifiez également s'il n'y a pas de contacts mauvais.

i.   Vérifiez ensuite le nom de fichier de l'objet à imprimer en premier lieu. S'il contient un tréma ("ä", "ö", ...) ou d'autres caractères spéciaux (€, &, ...), certaines imprimantes peuvent refuser d'imprimer le fichier. Nommez l'objet sans trémas / caractères spéciaux

ii.   Si l'imprimante n'atteint pas la température réglée, elle ne démarrera pas non plus (voir les sections 5.1 et 6.1)

iii.   Vérifiez s'il y a suffisamment de filament (un message d'erreur du capteur de filament peut empêcher l'impression)

iv.   Utiliser une autre carte SD ou un autre moyen de connexion au PC pour éviter les pannes de carte / les problèmes de lecture ou de connexion

7.2 L'imprimante 3D n'extrude pas le filament

Figure 12: Aucun filament ne sort de la buse de l'imprimante 3D

Description:

Aucun filament ne sort de la buse. Cependant, l'imprimante démarre le processus d'impression comme d'habitude après le processus de chauffage. Cela signifie que la tête d'impression effectue les mouvements d'impression et que les ventilateurs tournent.

Causes et solutions possibles:

Informations de base: Vérifiez qu'il y a suffisamment de filament et qu'il est correctement inséré et atteint la tête d'impression.

i. Regardez le moteur pas à pas de l'extrudeuse, qui est responsable du transport du filament. Est-ce que cela fonctionne? Et le filament est-il suffisamment "saisi" et "transporté"? Il y a peut-être un problème à cet égard. **Veuillez également noter le point "ii"**

ii. Si le filament ne peut pas être transporté plus loin par le moteur pas à pas, cela peut être dû à des problèmes mécaniques dans la zone de l'extrudeuse ou à une filière obstruée. Veuillez lire les chapitres 6.2 et 9.15

iii. Vérifiez toutes les autres zones par lesquelles passe le filament ou où il peut y avoir des points étroits (par exemple, "Bowden-tube" et ses points de connexion; "Hot End") ou si un nœud s'est formé dans la bobine de filament

7.3 Manque d'adhérence sur le lit d'impression

Figure 13: L'objet imprimé ou la première couche n'adhère pas

Description:

L'impression 3D n'adhère pas au lit d'impression. Ce problème peut survenir aussi bien avec la première couche qu'ultérieurement - par exemple à 50 %.

Causes et solutions possibles:

Informations de base: Nettoyer le lit d'impression avec de l'alcool isopropylique ou un nettoyant.

i. La cause la plus probable de cette situation est un lit de impression mal nivelé. Vérifiez la distance entre la buse et le lit d'impression à plusieurs endroits en utilisant un morceau de papier (voir aussi le chapitre 4). Si le papier peut être déplacé très facilement et silencieusement, la distance est trop grande. Répétez le processus de nivellement et réduisez légèrement la distance. Si les distances dans les coins sont correctes, mais pas au milieu ou sur les côtés, le lit d'impression n'est probablement pas assez plat ou est bosselé

ii. Mauvaise plateforme d'impression: si possible, utilisez un miroir (haute adhérence) ou une plateforme d'impression permanente, telle que "BuildTak". Vous pouvez également masquer le lit d'impression avec du ruban adhésif pour une meilleure adhérence. Évitez cela si possible (effort de nettoyage très important après chaque impression)

iii. La plateforme de impression n'est pas chauffée ou la température est trop basse / trop élevée. Utiliser un lit chauffant sous pression à 60° Celsius (suivre les instructions du fabricant de filaments)

iv. La température de impression du filament est trop basse. Utilisez une température d'impression adéquate (telle que spécifiée par le fabricant) et vérifiez que l'imprimante 3D maintient cette température. Réduire la puissance des ventilateurs pendant la première couche d'impression

v. Vérifiez la vitesse d'impression pour les premières couches. Imprimer à une vitesse plus faible (max. 30-50 mm/s)

vi. Veillez à ce que suffisamment de matière soit extrudée dans la première couche. Regardez la buse de impression et vérifiez que la matière coule continuellement depuis le début. (voir également les chapitres 8.1 et 9.1)

vii. Utilisez le type d'adhérence: "Brim" ou "Raft" comme aide supplémentaire pour améliorer la surface de contact (surtout pour les petites surfaces). Si nécessaire, utilisez également la fonction "Skirt". Ces réglages sont effectués dans le logiciel de decoupage

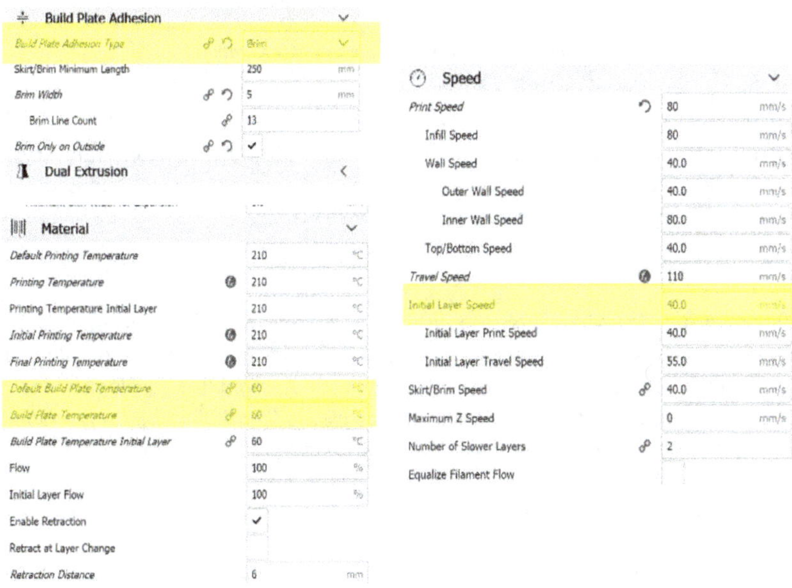

Figure 14: Réglages des paramètres de découpage affectés

8 Problèmes avec le filament

8.1 Le filament n'est pas extrudé en continu

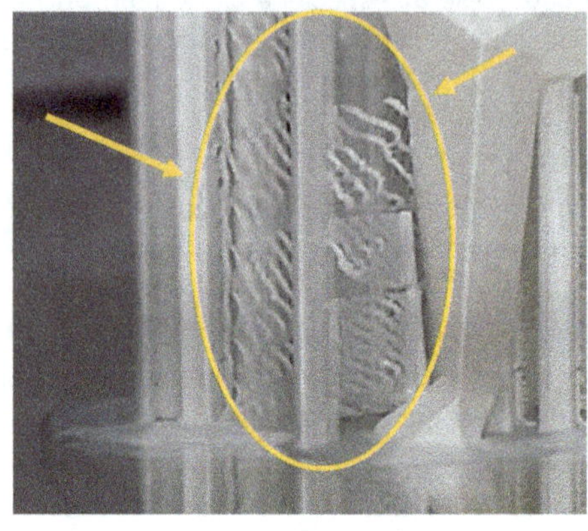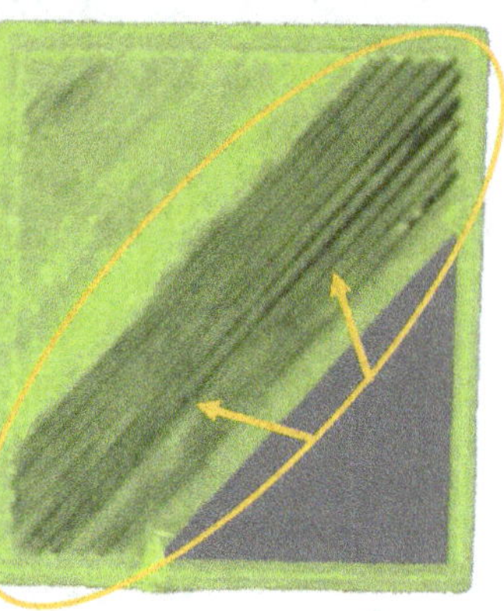

Figure 15: Le filament n'est pas extrudé en continu

Description:

Pendant le processus d'impression, une quantité suffisante de filament n'est pas extrudée en continu. Dans l'objet imprimé, ils présentent des lacunes ou un manque de matière. Voir également le chapitre 9.1.

Causes et solutions possibles:

Informations de base: Ne lésinez pas sur le filament. Si le filament est très bon marché ou provient d'un fabricant relativement inconnu, la qualité du filament peut être la cause du problème. Ici, la tolérance du diamètre du filament est le facteur le plus important. Si la tolérance est élevée (≥ ± 0,05 mm), il est possible qu'il y ait trop peu de matière à certains endroits (recommandation: filament de Sunlu ou de Tianse).

i.   Assurez-vous que vous n'avez pas affaire à une buse obstruée (voir chapitres 6.2 et 9.15)

ii.   Vérifiez que l'alimentation en filament fonctionne sans problème, c'est-à-dire que la bobine de filament a suffisamment de place pour bouger (rotation) et que le filament peut glisser librement dans le "Bowden tube"

iii.   Vérifiez les paramètres de découpage suivants:

    1)   Diamètre du filament: par exemple 1,75 mm

    2)   Flux de matières ("Flow") : 100% (augmentation si nécessaire) & "Retraction" si nécessaire plus faible

iv. Vérifiez la force avec laquelle l'extrudeuse fixe le filament (généralement par une petite roue dentée). Si nécessaire, augmenter cette force - si possible - ou remplacer l'extrudeuse si le filament ne peut être fixé ou transporté correctement

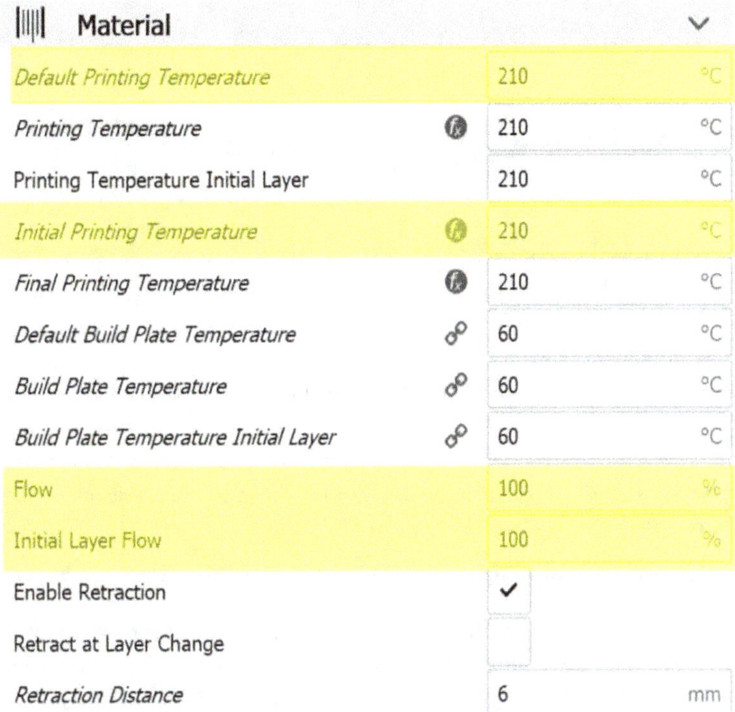

Figure 16: Réglages des paramètres: "Flow" et "Retraction"

8.2 Le filament est fragile / se brise lors de l'impression

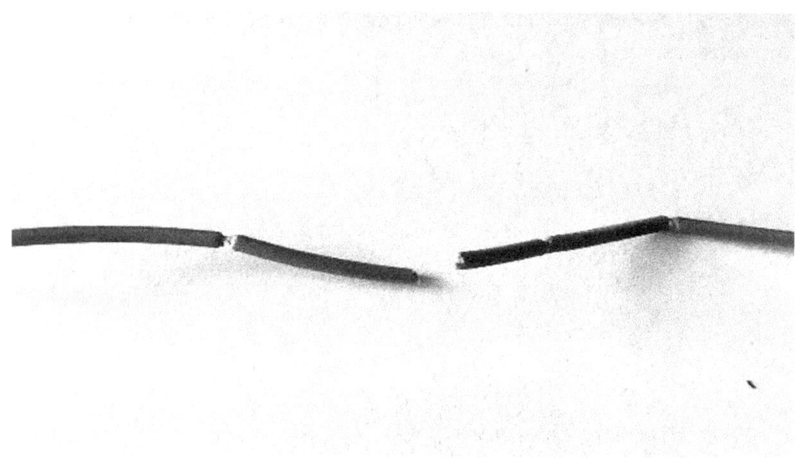

Figure 17: Filament cassant

Description:

Le filament est très fragile et se brise même en cas de léger flambage ou lors de l'impression.

Causes et solutions possibles:

Informations de base: Stockez votre filament dans un endroit sec (le filament absorbe l'humidité), sombre (la lumière UV est très faible) et correctement tempéré (par exemple dans une boîte avec un sac de silicate et dans une pièce avec une faible humidité et une température comprise entre 20 et 23 ° Celsius).

i.   Le filament a été mal stocké ou a déjà quelques années. Remplacer le filament s'il a plus d'un an (avec emballage ouvert)

ii.   Trop de torsions pendant le transport du filament : si le "Bowden tube" a été installé avec de forts changements de direction, le filament peut être trop tordu. Installez l'alimentation en filaments et le "Bowden tube" avec le moins de coudes possible

iii.   L'emplacement de la bobine de filament est mal choisi. Si la bobine de filament est placée très profondément et à une distance relativement élevée de l'extrudeuse, le filament peut également se rompre. Choisissez une position à la même hauteur ou au-dessus de l'extrudeuse et assurez-vous que le filament est alimenté en douceur et sans coudes

8.3 Filament "Grinding / Stripping / Crushing"

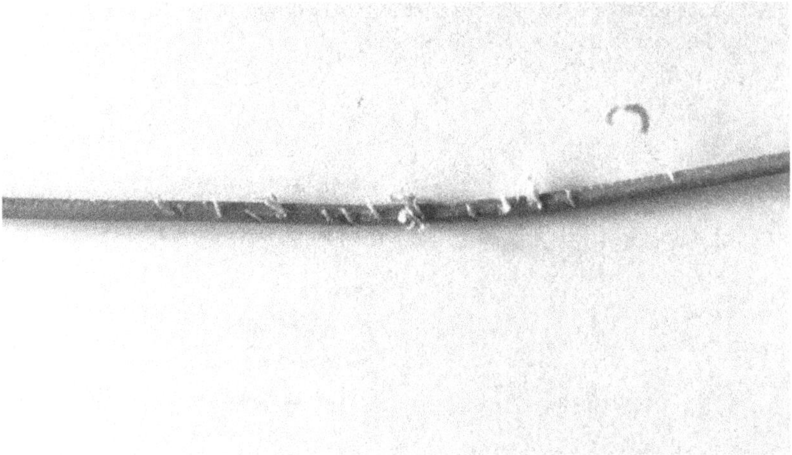

Figure 18: Un morceau de filament endommagé par l'extrudeuse

Description:

Le filament présente des traces d'enlèvement de matière et/ou semble plutôt usé et endommagé. Les indentations sont visibles.

Causes et solutions possibles:

Informations de base: Utilisez un filament de haute qualité.

i. Dans les imprimantes 3D FDM, l'extrudeuse fixe le filament pour le transport, généralement au moyen d'une petite roue dentée. Cela ne laisse généralement que de petites indentations visibles. Cependant, si l'extrudeuse tente de pousser le filament de manière excessive en raison d'un blocage, le filament peut être maltraité à ce stade. La raison peut en être une buse obstruée ou un blocage (voir également les chapitres 6.2, 7.2 et 9.15)

ii. Vérifiez vos paramètres de découpage:
1) Une rétractation trop importante et trop rapide
2) Vitesse d'impression trop élevée. Si la vitesse d'impression est trop élevée, la buse d'impression ne pourra pas faire face à la quantité de matériau fournie et la pression dans la zone de la "Hot End" peut être trop élevée. Réduire la vitesse d'impression
3) Température de pression trop basse: le filament ne peut pas être suffisamment fondu. Une pression trop élevée s'accumule également dans la "Hot End"

iii.   La plate-forme d'impression n'est pas correctement nivelée. Si la buse est trop proche du lit d'impression, des bourrages de matériau peuvent également se produire dans la buse

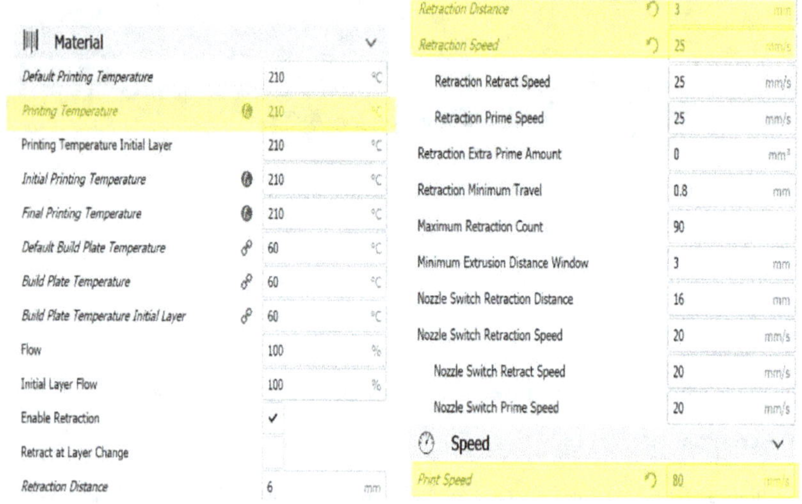

Figure 19: Réglages des paramètres: "Printing Temperature", "Retraction" et "Print Speed"

9 Modèles d'erreurs particuliers d'impression

9.1 "Under-Extrusion"

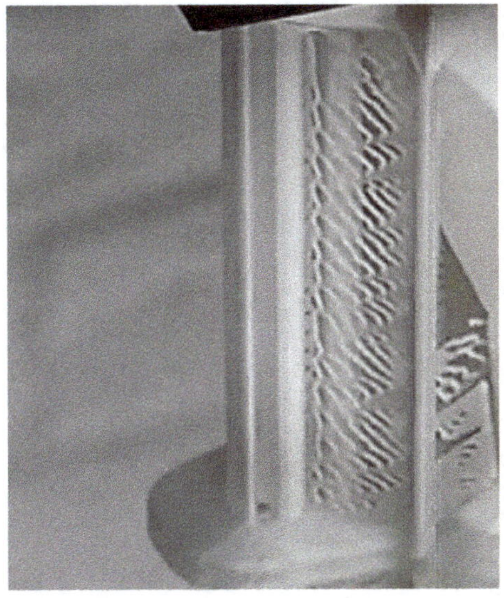

Figure 20: "Under Extrusion" dans la zone de la structure de support (avant; à gauche)

Description:

Trop peu de matière s'écoule de la buse. Les structures imprimées sont très fines, incomplètes et insuffisamment formées (très similaire au chapitre 8.1).

Causes et solutions possibles:

Informations de base: ressemble souvent au schéma d'une buse partiellement obstruée.

i. Vérifiez tous les points des chapitres 6.2, 8.1 et 9.15, car des goulets d'étranglement mécaniques ou une buse (partiellement) obstruée sont souvent des causes possibles

ii. Utilisez les recommandations suivantes dans le logiciel de découpage:
   1) Utiliser une température d'impression plus élevée ("Temperature Tower" de thingiverse.com) et une vitesse d'impression plus faible
   2) Vérifiez le diamètre du filament réglé (par exemple 1,75 mm)
   3) Régler le débit du filament ("Flow") à 100% et l'augmenter de quelques points de pourcentage si nécessaire

4) réduire la vitesse de "Retraction" à un minimum et réduire en outre la distance de "Retraction"
5) Si le schéma d'erreur ne se produit qu'au niveau des structures de support ou du remplissage, il faut accorder une attention particulière aux réglages: Vitesse (inférieure) et densité (supérieure) dans ces zones, qui peuvent généralement être modifiés individuellement

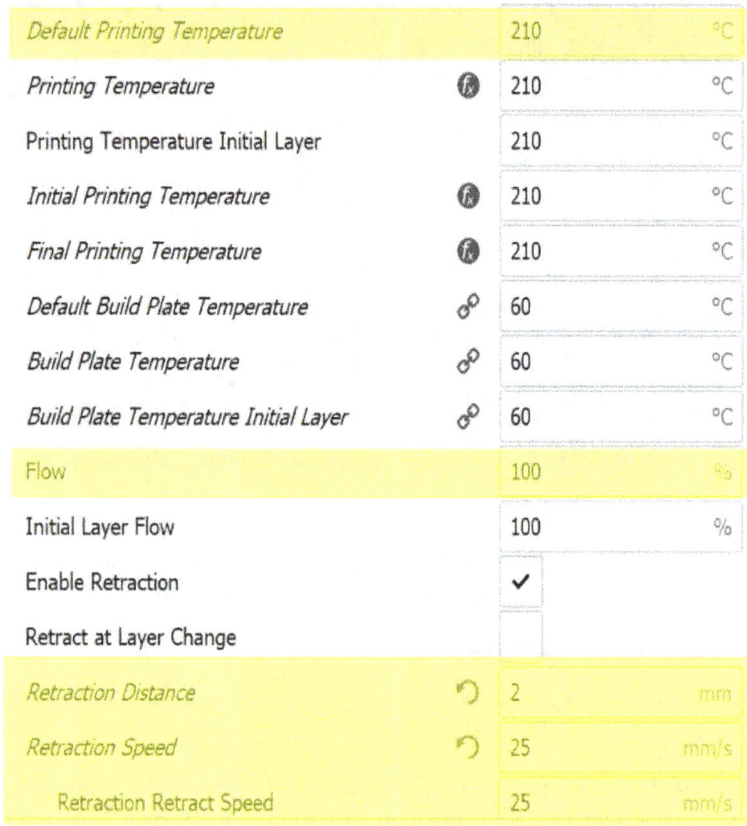

Default Printing Temperature		210	°C
Printing Temperature		210	°C
Printing Temperature Initial Layer		210	°C
Initial Printing Temperature		210	°C
Final Printing Temperature		210	°C
Default Build Plate Temperature		60	°C
Build Plate Temperature		60	°C
Build Plate Temperature Initial Layer		60	°C
Flow		100	%
Initial Layer Flow		100	%
Enable Retraction		✓	
Retract at Layer Change			
Retraction Distance		2	mm
Retraction Speed		25	mm/s
Retraction Retract Speed		25	mm/s

Figure 21: Réglages pour "Retraction" et "Print temperature"

9.2 "Over Extrusion"

Figure 22: "Over Extrusion" d'un cube

Description:

Trop de matière s'écoule de la buse. Les structures imprimées sont très "morveuses" et "malpropres".

Causes et solutions possibles:

Informations de base: *Modèle d'erreur opposé à "Under Extrusion" (9.1)*

i.   Utilisez les recommandations suivantes dans le logiciel de découpage:
1) La température d'impression est trop élevée (réduire de 10-20° Celsius); téléchargez une "Temperature Tower" sur thingiverse.com pour connaître la température optimale de votre filament
2) Vérifiez le diamètre du filament: par exemple 1,75 mm
3) Régler le débit du filament à 100% et le réduire de quelques points de pourcentage si nécessaire
4) Augmenter la vitesse et la distance de "Retraction"

ii.   Calibrez la valeur : "Pas par mm" de votre moteur pas à pas d'extrudeuse (utilisez les instructions du fabricant)

9.3 "Curling"

Description:

Les bords et les coins de l'objet imprimé se recourbent vers le haut.

Causes et solutions possibles:

Informations de base: *Ce type d'erreur est principalement dû à une température d'impression trop élevée.*

i.   Utilisez les recommandations suivantes dans le logiciel de découpage:
1) La température d'impression est trop élevée (réduire de 10-20°C); imprimer une " Temperature Tower " pour trouver le réglage optimal de la température
2) Augmenter la vitesse du ventilateur ou l'augmenter au maximum possible. Vérifiez également le fonctionnement des ventilateurs

ii.   Vérifiez la température ambiante et ouvrez le boîtier de l'imprimante 3D (s'il y en a un)

9.4 "Stringing" ou "Oozing"

Figure 23: Test de "Stringing" classique

Description:

Des structures tissées se forment dans la zone de l'objet imprimé. Explication: Le plastique est encore extrudé, bien que la buse se déplace déjà vers le point suivant.

Causes et solutions possibles:

Informations de base: *Si vous n'arrivez pas à saisir le problème, vous pouvez généralement retirer ces structures relativement facilement.*

i.   Utilisez les recommandations suivantes dans le logiciel de découpage:
1) La température d'impression est trop élevée (réduire de 10-20° Celsius)
2) Augmenter la vitesse du ventilateur ou l'augmenter au maximum possible. Vérifiez également le fonctionnement des ventilateurs
3) Activez la fonction "Retraction" et définissez des valeurs plausibles (distance: 2-10 mm; vitesse: 40-80 mm/s). Cette fonction réduit la

pression dans la buse en rétractant le filament sur le chemin de la zone de pression suivante, empêchant ainsi la fuite de matière indésirable

4) Cette erreur d'impression est également souvent due au fait que la buse doit parcourir des distances trop longues entre plusieurs objets à imprimer. Placez les objets imprimés le plus près possible les uns des autres dans le logiciel de découpage. Ou alors, il est préférable de n'imprimer qu'un seul objet par travail

5) Activez également la fonction "Coasting". Le dernier mouvement de la tête d'impression est alors effectué sans autre apport de matière, de sorte que le surplus de matière peut être utilisé à la fin d'un mouvement d'impression et donc être éliminé

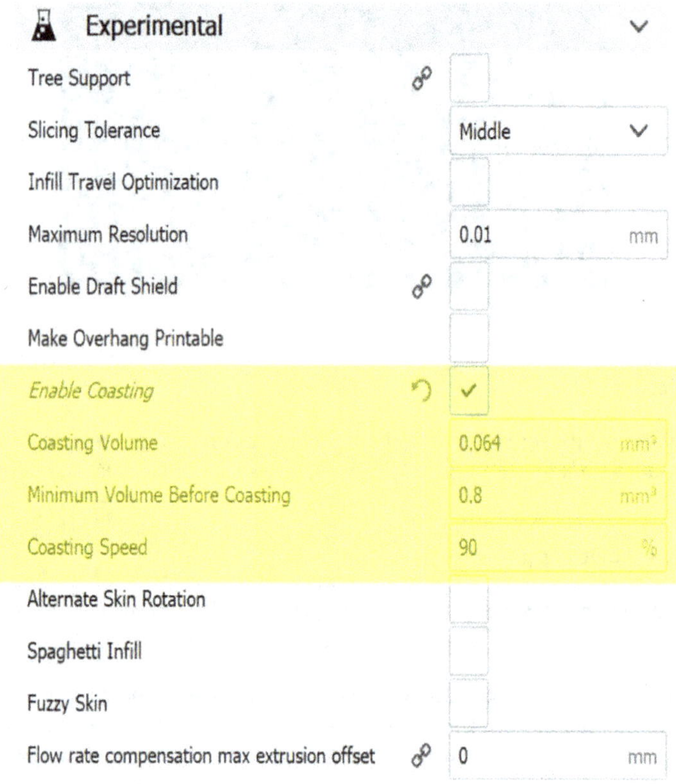

Figure 24: Paramètres du modèle pour "Coasting"

9.5 "Blobs" ou "Zits"

Figure 25: Blobs & Zits sur la paroi extérieure d'un objet imprimé en 3D

Description:

Sur les parois extérieures du modèle imprimé, il y a des dépôts de matière isolés et de petite taille sous forme de gouttelettes ou de "pimples".

Causes et solutions possibles:

Informations de base: *Si vous ne pouvez pas réparer le défaut, vous pouvez retoucher ces dépôts en les finissant avec du papier de verre (grain fin).*

i.   Utilisez les recommandations suivantes dans le logiciel de découpage:

    1)   Vérifiez les paramètres dans la section "Retraction". La cause principale du problème est généralement des valeurs incorrectes dans cette section. Valeurs recommandées: distance: 2-10 mm; vitesse: 40-80 mm/s. Éviter un trop grand nombre de rétractations en augmentant la valeur de la rubrique "Minimum distance for retractions" ou en diminuant la valeur de la rubrique "Maximum number of retractions"

    2)   Réglez le mode "Combing" sur: "Inside Filling". La tête d'impression se déplacera ainsi autant que possible dans les zones qui ont déjà été imprimées (les déplacements vers la zone d'impression suivante se feront dans le remplissage). Cela permet de réduire le "Retraction" et de séparer les matières en excès dans le remplissage

    3)   Désactivez la fonction "z-hop when retracted". Cette fonction permet d'abaisser la plate-forme ou de relever brièvement la buse pendant que la "Retraction" a lieu pour créer une distance entre la buse et l'objet

(Cela peut être utile si la tête d'impression a déjà renversé l'objet plusieurs fois)

4) Souvent, les "Blobs" et les "Zits" sont dus aux paramètres de la couture en Z. Le couture en Z ("z-seam") décrit une structure verticale qui est visible à l'extérieur d'un objet imprimé. Le coutoure est créé parce que l'imprimante 3D doit partir d'un point situé au début de chaque couche. C'est à ce point que la matière s'accumule souvent, ce qui crée une "couture" verticale. Changer le réglage du point de "z-seam position" de "Random" à une valeur définie (coordonnées x,y), qui est située dans une zone relativement invisible de l'objet. Ensuite, l'imprimante ne démarre pas le calque à une position aléatoire (ce qui peut entraîner des "blobs" sur les parois de l'objet) mais remonte le "joint" à la verticale. Il est souvent très difficile d'éviter complètement le couture en Z

ii. Utilisez toujours un filament sec et relativement neuf et suivez les instructions de stockage du filament ouvert au début du livre

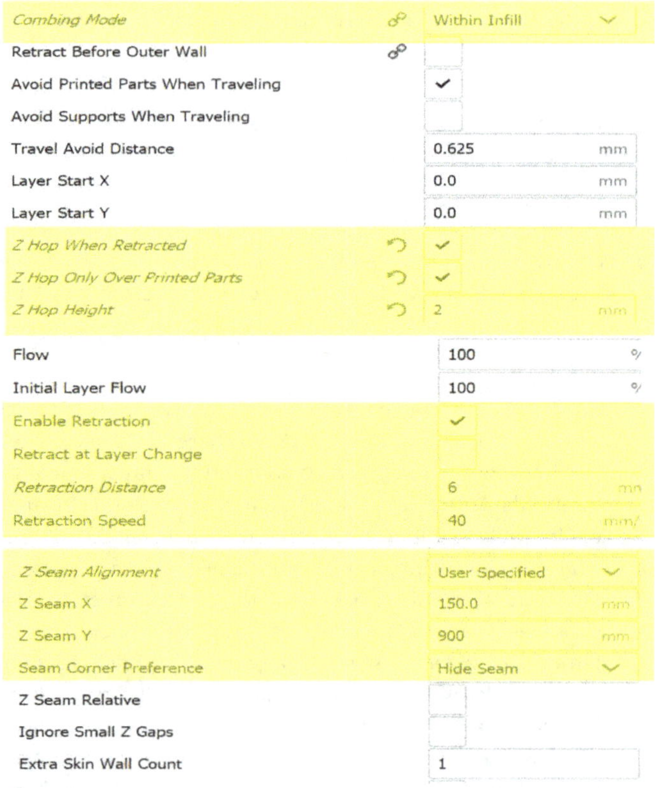

9.6 "Pillowing"

Figure 26: Petites bosses en forme de coussin ou bosses dans la surface d'impression

Description:

Il y a des bosses sur la face supérieure ou la surface présente des trous.

Causes et solutions possibles:

Informations de base: Dans la plupart des cas, cela résulte d'une structure insuffisante sous la couche de surface (c'est-à-dire un mauvais remplissage: voir chapitre 11.1) ou d'un nombre insuffisant de couches de surface.

i.   Utilisez les recommandations suivantes dans le logiciel de découpage:
1) Utiliser un pourcentage de remplissage plus élevé. Une densité de remplissage inférieure à 15 % n'est généralement pas très utile. Essayez également de modifier le motif et la vitesse d'impression du remplissage (plus lentement)
2) Réduire la température d'impression (ou augmenter la puissance du ventilateur si nécessaire) et la vitesse générale d'impression
3) Vérifiez également les solutions proposées pour les erreurs: "Under Extrusion" du chapitre 9.1 et du chapitre 8.1
4) Augmenter le nombre de couches supérieures (par exemple, trois à sept couches donneront une bonne qualité)

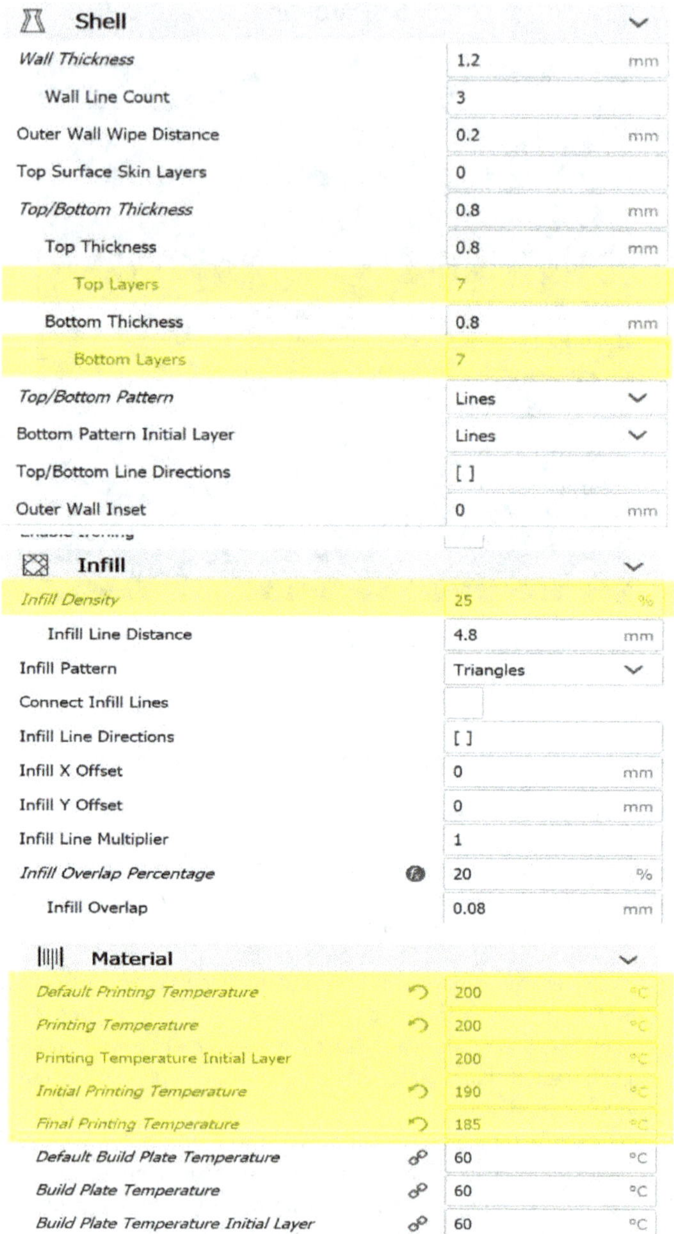

Figure 27: Réglages des paramètres spécifiques aux images d'erreur

9.7 "Vibrations" & "Ringing" ("Ghosting")

Figure 28: "Vibrations" & "Ringing" sur un cube d'étalonnage

Description:

Les vibrations se manifestent sur les parois latérales de l'objet imprimé sous forme de lignes ondulées, d'irrégularités et d'"ombres".

Causes et solutions possibles:

Informations de base: Les causes mécaniques peuvent jouer un rôle majeur à cet égard. Le cadre de l'imprimante et son support doivent être aussi rigides que possible (voir les conseils de base).

1) Comme déjà mentionné, si la rigidité du cadre est trop faible et qu'il n'y a pas de renforts transversaux adéquats, des vibrations peuvent être transmises à l'objet à imprimer, de sorte que les vibrations peuvent facilement s'accumuler

2) Installez des amortisseurs sur les pieds de l'imprimante 3D (Conseil: balles de squash en combinaison avec des supports imprimés en 3D)

3) Plus la masse en mouvement de la "Hot End" est élevée, plus les moments de réaction sont importants et plus les vibrations peuvent être élevées. Essayez de maintenir la masse aussi faible que possible

4) Vérifiez également que tous les roulements à billes et les courroies de transmission sont suffisamment serrés

5) Vérifiez la suspension du moteur. Les vibrations générées par les moteurs sont transmises au cadre de l'imprimante 3D, à la buse d'impression et donc à l'imprimante 3D si le découplage est insuffisant. Fixez les éléments d'amortissement entre le moteur pas à pas et le cadre de l'imprimante 3D

6) Utilisez les recommandations suivantes dans le logiciel de découpage:

7) Les causes dans les réglages de découpage sont à rechercher dans la vitesse d'impression et surtout dans l'accélération de l'impression. Les changements brusques et rapides des mouvements posent problème. Réduire la vitesse générale d'impression (par exemple 60-100 mm/s) et l'accélération (max. 500 mm/s²)

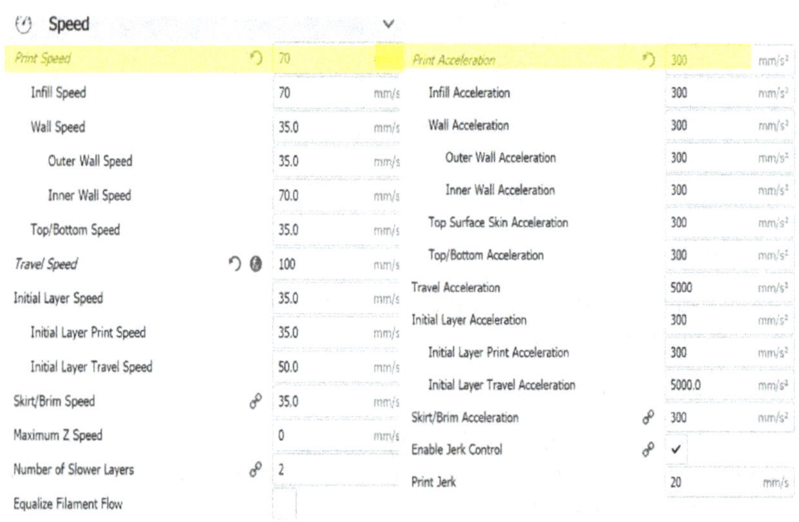

Figure 29: Réglages des paramètre: "Print speed" et "Print acceleration"

9.8 "Warping"

Figure 30: Le coin de l'objet imprimé se détache du lit d'impression (flèche)

Description:

Le "Warping" désigne le fait qu'un ou plusieurs coins ou la surface du bord d'un objet imprimé se détache du lit d'impression et se déforme vers le haut.

Causes et solutions possibles:

Informations de base: Lorsque le plastique, encore chaud à cause de la impression, se refroidit progressivement, le matériau se contracte. Il en résulte des forces qui sont orientées dans la direction opposée à celle du lit d'impression. Si les forces d'adhérence sont maintenant plus faibles, le matériau se détachera du lit d'impression.

i.   Il est essentiel - en particulier pour les procédés d'impression de grande taille - d'utiliser un lit chauffant dont la température est comprise entre 60° Celsius (ou les spécifications du fabricant de filaments)

ii. Installez une cabine autour de l'imprimante 3D ou fermez toutes les portes de la cabine pour garder la chaleur à l'intérieur

iii. Vérifiez le nivellement du lit de impression (généralement, la distance entre la buse et le lit est un peu trop grande au point où le gauchissement se produit)

iv. Utilisez les recommandations suivantes dans le logiciel de découpage:

1)   Réduire la vitesse du ventilateur (éventuellement seulement au début)
2)   Utilisez le type d'adhérence : "Brim" ou "Raft"

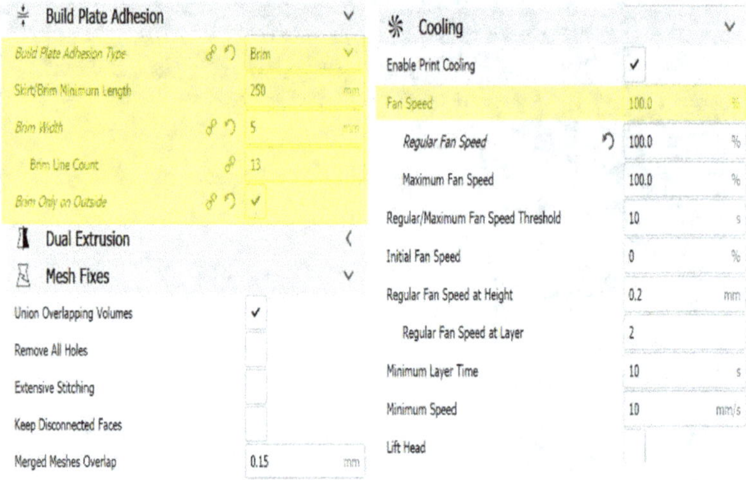

Figure 31: Réglages pour "Fan speed" et "Bed adhesion type"

9.9 Pied d'éléphant

Figure 32: Un "pied d'éléphant". Le poids se situe sur les premières couches

Description:

Les premières couches de l'objet imprimé sont légèrement plus larges que les couches suivantes.

Causes et solutions possibles:

Informations de base: *Ce problème est généralement dû à une influence excessive de la chaleur du lit d'impression. Selon le filament, la température optimale peut varier. Le poids des couches suivantes appuie sur la ou les couches inférieures et celles-ci - si elles ne sont pas suffisamment solidifiées - cèdent à la pression.*

i. Vérifiez d'abord le nivellement du lit. Cette erreur peut se produire si la distance entre la buse et le lit d'impression est trop faible.

ii. Utilisez les recommandations suivantes dans le logiciel de découpage:

    1) Réduire la vitesse des ventilateurs pendant la première couche d'impression

    2) Réduire la température du lit d'impression dans les paramètres de découpage (fabricant de filaments)

    3) Utilisez le type d'adhérence: "Raft"

9.10 "z-axis wobble"

Figure 33: "z-axis wobble"; le coutre z est également frappant ici

Description:

Avec ce type d'erreur, les parois latérales de l'objet imprimé ne sont pas lisses. Les couches ne sont pas placées correctement alignées les unes sur les autres, mais avec une petite distance dans la direction des axes x et y.

Causes et solutions possibles:

Informations de base: *Ce type d'erreur a généralement des causes mécaniques.*

i. Essayez d'abord d'imprimer avec une épaisseur de couche inférieure (par exemple 0,1 mm ou 0,2 mm).

ii. Si le problème persiste, il peut s'agir d'un problème mécanique dans la zone de l'axe des z. Si l'axe z n'est pas rond (une légère courbure suffit) ou n'est pas bien guidé ou avec des tolérances trop élevées dans la direction verticale, l'axe z exerce des forces dans la direction des axes x et y sur le guide de la tête d'impression à chaque changement de hauteur. La tête d'impression se déplace alors légèrement dans la direction de l'axe x ou y, ce qui permet d'imprimer la couche avec un léger décalage. Vérifiez les composants mécaniques pour détecter les écarts importants et remplacez-les si nécessaire

9.11 Lacunes dans la couche ("Cracking"/"Separation"/ "Splitting")

Figure 34: Couches divisées dans un objet d'impression 3D

Description:

L'objet imprimé présente des lacunes ou des séparations de couches nettement définies en raison d'une connexion (cohésion) insuffisante des couches entre elles.

Causes et solutions possibles:

Informations de base: *Parfois aussi à confondre avec "Under Extrusion" (voir chapitre 9.1). Le facteur décisif est de savoir si les lacunes doivent être clairement définies ou non. Ce schéma d'erreurs est également comparable à celui du "Warping" (voir chapitre 9.8), à ceci près que les séparations et déformations des couches se produisent dans la zone avancée de l'objet imprimé.*

i. Utilisez les recommandations suivantes dans le logiciel de découpage:
    1) Comme le filament doit être suffisamment fondu pour se lier à la couche précédente, il est conseillé d'augmenter légèrement la température de impression (la impression d'une "Temperature Tower" est également très utile dans ce contexte)
    2) Imprimer avec une épaisseur de couche inférieure (par exemple 0,1 mm ou 0,15 mm)
    3) Réduire la vitesse des ventilateurs si nécessaire

9.12 Les couches sont décalées ("Layer Shifting")

Figure 35: Couches décalées dans 3DBenchy de "creativetools" (Thingiverse)

Description:

Une ou plusieurs couches sont complètement déplacées ou légèrement décalées les unes par rapport aux autres.

Causes et solutions possibles:

Informations de base: *Si vous n'avez pas créé le "gcode" vous-même, vérifiez s'il est dû au fichier.*

i.   Exclure les causes mécaniques: Il peut arriver que les courroies de transmission se desserrent ou glissent après un certain temps. Vérifiez si les courroies sont suffisamment tendues et si elles transmettent de manière fiable les mouvements des moteurs pas à pas. Il est également possible que la poulie de la courroie (connexion entre le moteur pas à pas et la courroie d'entraînement) soit lâche ou glisse de temps en temps

ii.   Si vous excluez les causes mécaniques, utilisez la recommandation suivante dans le logiciel de découpage:

iii.   Si vous imprimez à une vitesse très élevée, les moteurs pas à pas peuvent ne pas être en mesure de les convertir (on entend souvent des bruits de cliquetis) Réduire la vitesse d'impression générale de 30 à 50 %

9.13 Couches manquantes

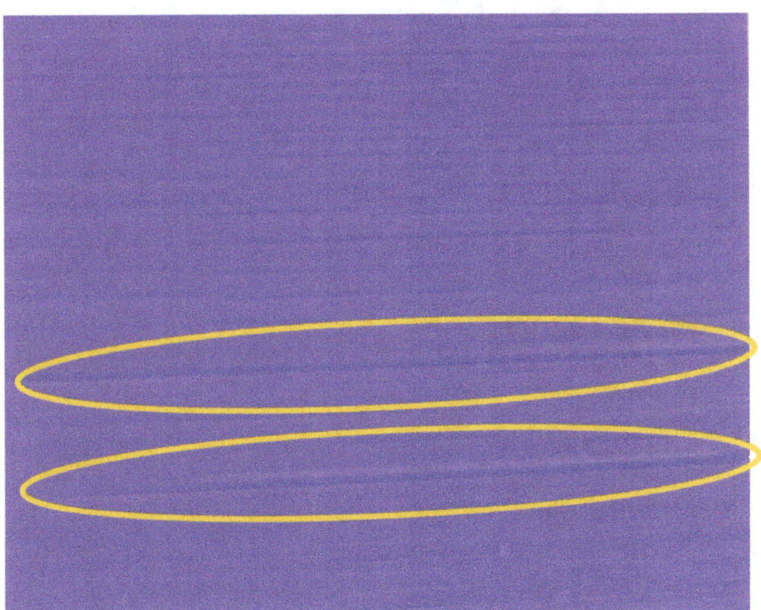

Figure 36: Des couches individuelles manquent dans l'objet imprimé

Description:

Une ou plusieurs couches manquent dans l'objet imprimé. Cela se produit à plusieurs reprises et à des hauteurs différentes.

Causes et solutions possibles:

Informations de base: *Facilement confondue avec la "Under Extrusion" (chapitre 9.1) ou le "Layer Splitting" (chapitre 9.11). Cependant, les couches manquantes sont généralement très distinctes et ne sont pas visibles dans l'ensemble de l'impression, et sans déformation des couches.*

i. Ce problème n'est généralement pas du tout une couche manquante, mais un pas trop haut dans la direction z lors du changement de couche. D'une part, cela est possible en raison d'un axe z défectueux, d'autre part en raison des irrégularités du moteur pas à pas. Vérifiez l'axe des z, surtout s'il est plié ou endommagé d'une autre manière. Vérifiez également si l'axe z peut se déplacer librement ou s'il est bloqué

ii.   Dans les paramètres de découpage, vous pouvez généralement régler la vitesse de marche sur l'axe z. Réduisez un peu cette valeur. Désactivez également le: "z-jump when retracted"

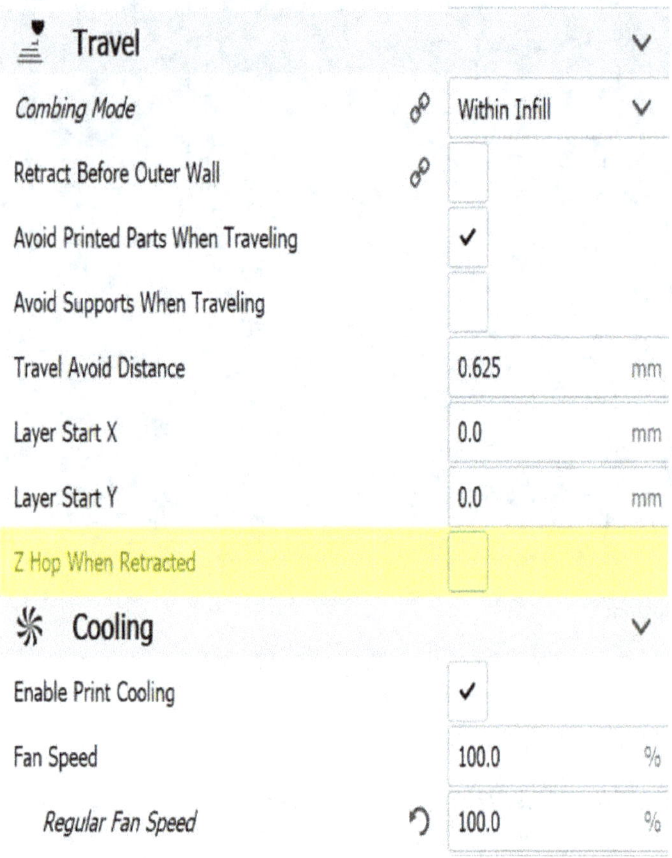

Figure 37: Désactiver la fonction "z-jump when rectracted"

9.14 Les parois latérales ne sont pas lisses

Figure 38: Des parois latérales ondulées et rugueuses

Description:

Les parois latérales de l'objet imprimé sont très rugueuses, les différentes couches sont visibles sous forme de lignes.

Causes et solutions possibles:

Informations de base: *Si possible, imprimez avec une faible épaisseur de couche (0,1 - 0,2 mm), cela pourrait déjà résoudre votre problème.*

i.   Vérifiez si vous avez affaire à des "Ringing & Vibrations" (voir chapitre 9.7)

ii.   Vérifiez si le problème est dû à une "Under Extrusion" (chapitre 9.1 ; voir aussi 8.1)

iii. Jetez un coup d'œil à l'affichage de la température de l'écran de l'imprimante 3D. Si la température de la buse d'impression fluctue de +/- 10 degrés pendant l'impression, cela peut également causer le problème. Évitez le contrôle sporadique des ventilateurs ("on", "off"). Si ce n'est pas dû aux ventilateurs: contactez le fabricant de votre imprimante et faites remplacer le régulateur PID, si nécessaire

iv.   Vérifiez si tous les composants mécaniques, en particulier l'axe z, sont endommagés (voir aussi les étapes de solution du "z-axis wobble": Chapitre 9.10)

v.   Test d'impression à vitesse réduite

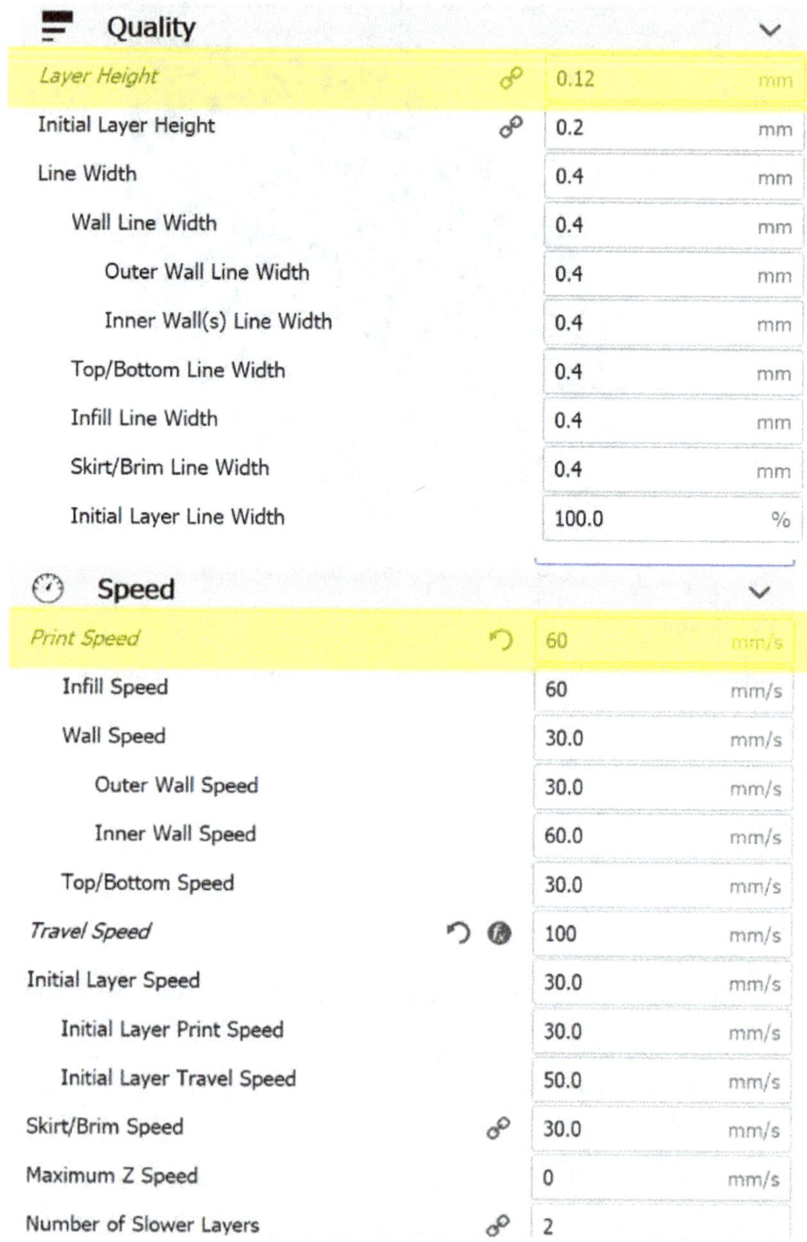

Figure 39: "Print speed"

9.15 Buse obstruée

Figure 40: La buse de l'imprimante 3D n'extrude pas le matériau

Description:

La buse de l'imprimante 3D n'émet pas ou très peu de matière. Des bruits de cliquetis peuvent être entendus depuis l'extrudeuse.

Causes et solutions possibles:

Informations de base: *Veillez à ce que le lit d'impresion soit correctement nivelé. Si la buse est trop proche du lit, elle peut se boucher ou augmenter la pression dans la buse, ce qui peut contribuer à l'encrassement..*

Cause(s):

    i.   Dépôts dans la buse

    ii.   Vitesse d'alimentation trop rapide et l'effet de compactage / blocage des matériaux qui en résulte

    iii.   La sortie de la buse est étroite (usure / déformation due à un dommage mécanique)

    iv.   La température d'impression est trop basse → Le filament n'est pas correctement fondu

Solution(s):

i. Chauffer la buse à environ 250° Celsius (PLA; avec de l'ABS ou d'autres matériaux encore plus élevés) et la nettoyer avec une aiguille d'acupuncture (Attention: danger de brûlures!). Après l'échauffement, vous pouvez également essayer de commander manuellement le moteur de l'extrudeuse et ainsi presser la matière hors de la buse

ii. Réduire la vitesse d'alimentation dans les paramètres de découpage

iii. Remplacer complètement la buse (éventuellement aussi la "Hot End") en cas de dépôts/bouchage trop important et/ou de buse trop usée

iv. Utiliser une température d'impression adéquate (spécification du fabricant du filament)

9.16 Éraflures sur l'impression (côté supérieur/inférieur)

Description:

Il y a des lignes ou des éraflures très visibles sur le haut ou le bas de l'objet imprimé.

Causes et solutions possibles:

Informations de base: *Ces lignes sont généralement créées par les mouvements de la buse. Lorsque la buse chaude se déplace sur une couche imprimée qui a déjà refroidi, la buse fait à nouveau fondre le plastique et laisse une trace. D'autre part, une telle trace peut également être causée par des sécrétions superflues provenant de la buse (voir chapitre 9.4).*

i.   Utilisez les recommandations suivantes dans le logiciel de découpage:

    1)   Activez la fonction "Retraction" et réglez-la sur des valeurs plausibles (distance: 2-10 mm ; vitesse: 40-80 mm/s). Cette fonction supprime la pression de la buse en rétractant le filament lors d'un mouvement vers la zone d'impression suivante, empêchant ainsi un écoulement indésirable de la matière

    2)   Activez également la fonction "Coasting". Le dernier mouvement de la tête d'impression est alors effectué sans autre apport de matière, de sorte que le surplus de matière peut être utilisé à la fin d'un mouvement d'impression et donc être éliminé

    3)   Activez la fonction "z-hop when retracted". Cette fonction permet d'abaisser ou de relever brièvement la plate-forme pendant pour créer une distance entre la buse et l'objet

    4)   Utilisez la fonction de lissage ("Activate Ironing"). Grâce à cette fonction, la buse se déplace sur la couche supérieure sans aucun flux de matière (même un petit flux de matière peut être réglé) et la lisse. En général, cela produit une couche de très haute qualité. Toutefois, cela n'a de sens que si la couche supérieure est relativement parallèle au lit d'impression

5) Utiliser la fonction "Combing" et la régler de manière à ce que cette fonction ne soit pas utilisée pour les couches supérieure et inférieure

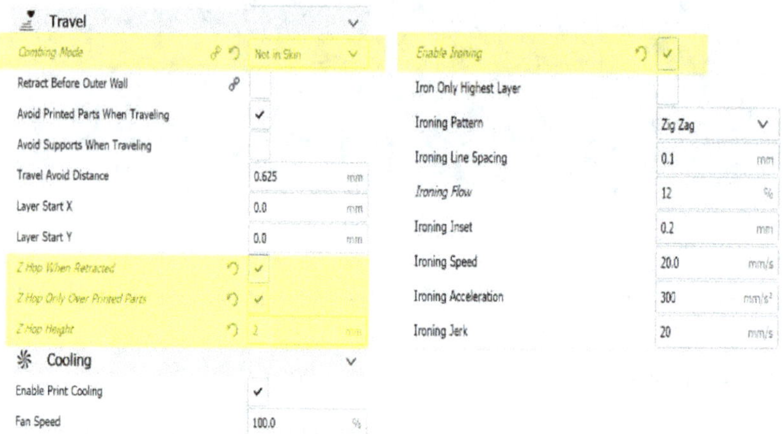

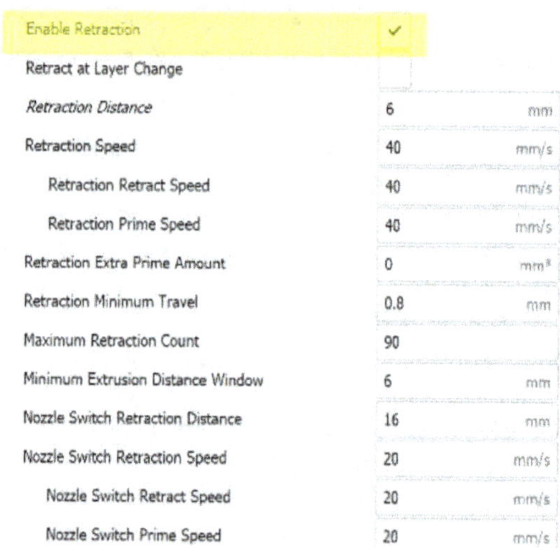

Figure 41: Paramètres de découpage spécifiques

9.17 L'imprimante 3D renverse des pièces

Description:

La tête d'impression renverse l'impression. Cela se produit généralement à une hauteur d'impression plus élevée.

Causes et solutions possibles:

Informations de base: Si le modèle n'a qu'un très petit point de contact, et/ou si le centre de gravité est relativement élevé (le volume augmente beaucoup avec la hauteur), la buse peut renverser l'objet relativement facilement pendant le processus d'impression (notamment par des mouvements de secousses comme c'est le cas avec le lissage). C'est surtout le cas des éléments minces et longs. Il est parfois impossible d'imprimer un élément cylindrique long et mince en orientation verticale.

i. Vérifier le nivellement du lit d'impression (buse trop proche du lit d'impression)

ii. Utilisez les recommandations suivantes dans le logiciel de découpage:
   1) Activez la fonction "z-Hop when retracted". Cette fonction permet d'abaisser ou de relever brièvement la plate-forme pendant pour créer une distance entre la buse et l'objet
   2) Choisissez un type d'adhérence (en particulier "Brim" et "Raft" sont recommandés) pour augmenter la surface de contact ; Augmenter également le nombre de lignes de "Brim"
   3) Réduire la vitesse d'impression

9.18 Faible comblement des fossés ("Bridging")

Figure 42: Mauvaise liaison sur une distance un peu plus longue

Description:

Une imprimante 3D FDM ne peut généralement pas imprimer en l'air. Cependant, il parvient généralement à couvrir de plus petites distances entre deux points sans matériel de support. Si la qualité est très médiocre lisez ce qui suit.

Causes et solutions possibles:

Informations de base: *Pour les distances plus longues, il convient généralement d'utiliser du matériel de support. Même si vous ne pouvez pas réussir en suivant les étapes ci-dessous, vous pouvez quand même utiliser le matériel de support relativement bien.*

i.   Vérifiez la capacité de pontage actuelle de votre imprimante 3D et les paramètres de découpage en téléchargeant et en imprimant un objet "Bridging Test" sur thingiverse.com.

ii.   Utilisez les recommandations suivantes dans le logiciel de découpage:
1)   Augmenter la vitesse relative du ventilateur à 100 %
2)   Réduire le débit "Flow Rate" (parfois, une augmentation du débit aide ici ; essayer les deux)
3)   Réduire la température d'impression
4)   Réduire la vitesse d'impression (parfois plus vite, c'est mieux; essayer les deux)

9.19 L'objet ne peut pas être retiré du lit d'impression

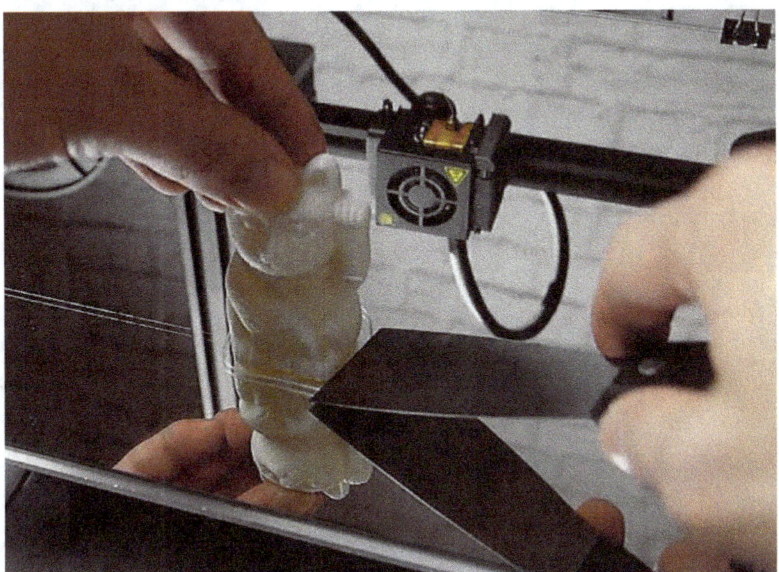

Figure 43: L'objet ne peut être enlevé qu'avec une force élevée

Description:

Après le processus d'impression, l'objet ne peut pas être retiré du lit d'impression, ou seulement avec un grand effort (attention: risque de blessure!).

Causes et solutions possibles:

Informations de base: Quiconque a déjà désespéré à plusieurs reprises de la mauvaise adhérence considérerait probablement ce problème comme un problème de luxe. Cependant, il peut être très dangereux pour l'imprimante 3D, l'objet imprimé et pour vous-même si l'objet imprimé n'est pas du tout soluble.

i. Laissez d'abord refroidir complètement le lit d'impression, puis le problème se résout souvent de lui-même. Lorsque le plastique refroidit, il se rétracte un peu et se sépare généralement du lit

ii. Sinon, la distance entre la buse et le lit d'dépression peut être trop faible. L'importance d'un lit bien nivelé ne peut être que soulignée ici

iii. Si vous utilisez des aides supplémentaires pour augmenter l'adhérence du lit d'impresion (ruban adhésif, bâton de colle, laque, ...), ne les utilisez pas

iv. Utilisez les recommandations suivantes dans le logiciel de découpage:
    1) Ne pas utiliser un type d'adhérence supplémentaire

2) Réduire la température du lit d'impression de quelques degrés
3) Réduire le débit ("Flow Rate") pour la première couche d'impression (ou général) ou vérifier d'autres réglages pour la première couche d'impression (par exemple, une épaisseur de couche plus importante pour la première couche)

v. Si ces mesures ne vous aident pas, essayez le spray froid

Material			
Default Printing Temperature		210	°C
Printing Temperature	ƒx	210	°C
Printing Temperature Initial Layer		210	°C
Initial Printing Temperature	ƒx	210	°C
Final Printing Temperature	ƒx	210	°C
Default Build Plate Temperature	∞	60	°C
Build Plate Temperature	∞	60	°C
Build Plate Temperature Initial Layer	∞	60	°C
Flow		100	%
Initial Layer Flow		100	%
Enable Retraction		✓	
Retract at Layer Change			
Retraction Distance		6	mm

Figure 44: Paramètres spécifiques pour le "Flow" et la "Print Temperature"

9.20 Lacunes entre le remplissage et les parois extérieures

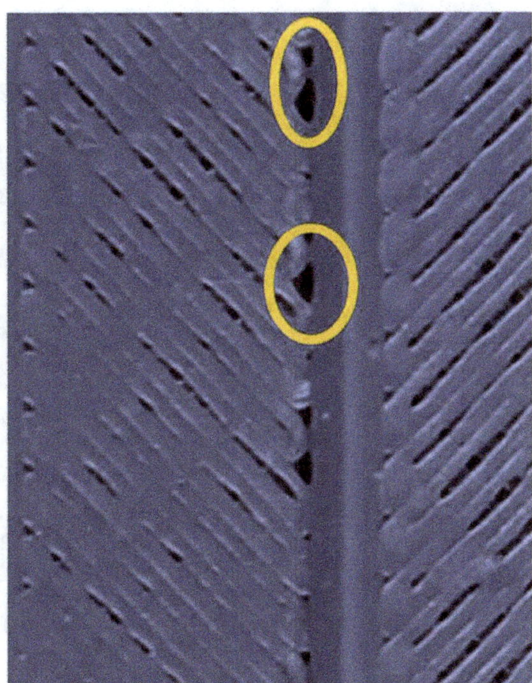

Figure 45: Lacunes dans la couche d'impression

Description:

Il y a des espaces visibles entre les murs et le remplissage.

Causes et solutions possibles:

Informations de base: *N'utilisez pas trop de paramètres différents pour le découpage des parois et le remplissage (surtout pour les vitesses).*

i.   Utilisez les recommandations suivantes dans le logiciel de découpage:

    1)   Réduire la vitesse d'impression (remplissage et parois)
    2)   Augmenter le pourcentage de chevauchement entre les parois intérieures et le remplissage
    3)   Essayez un modèle de remplissage différent

9.21 L'imprimante 3D s'arrête pendant l'impression ou à une hauteur d'impression spécifique

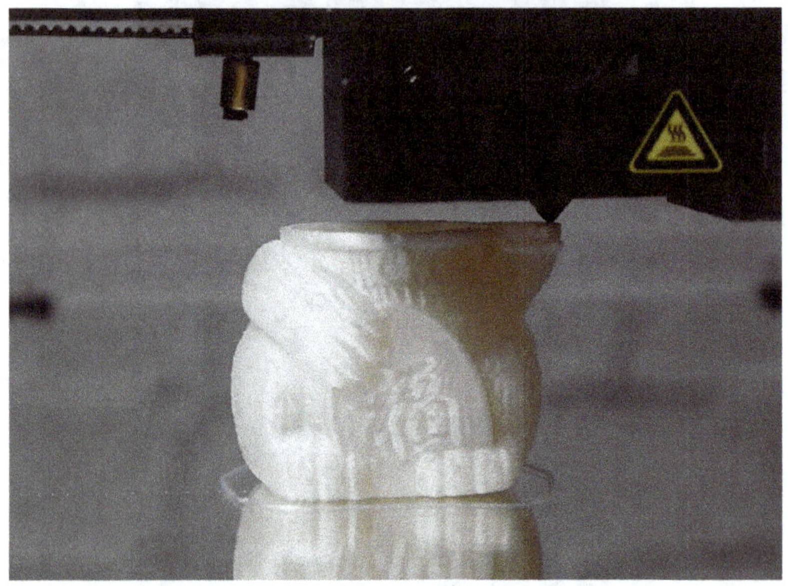

Figure 46: L'imprimante 3D s'arrête soudainement d'imprimer

Description:

L'imprimante s'arrête au milieu d'un travail d'impression incomplet ou à une hauteur définie.

Informations de base: *Vérifiez l'alimentation électrique.*

Causes et solutions possibles:

i. Vérifiez le fonctionnement de tous les composants mécaniques de l'imprimante, en particulier les moteurs, les accouplements, les courroies d'entraînement, l'axe Z et l'extrudeuse

ii. Il peut également y avoir un blocage dans la zone d'approvisionnement en filaments. Malheureusement, il peut arriver que le filament s'emmêle ou se noue sur la bobine et soit donc bloqué. Cependant, dans ce cas, l'imprimeur continuerait probablement à avancer sans extruder le filament

iii.   Il peut y avoir un problème avec le capteur à filament qui arrête l'imprimante 3D (si elle est présente)

iv.   La buse peut également être obstruée (mais là aussi, les mouvements de la tête d'impression se poursuivraient)

v.   Il y a une surchauffe générale des composants de l'imprimante 3D, par exemple les moteurs. Un interrupteur thermique empêche les dommages causés par la chaleur et arrête l'imprimante pour des raisons de sécurité. Laisser les composants refroidir

vi.   Si le processus d'impression s'arrête toujours à une certaine hauteur, cela peut être dû soit à un axe z défectueux, soit à des réglages incorrects dans le logiciel de découpe (espace d'installation mal réglé ; processus de découpe défectueux) ou à d'autres blocages (faisceaux de câbles trop courts)

9.22 Le "couture Z" est très visible

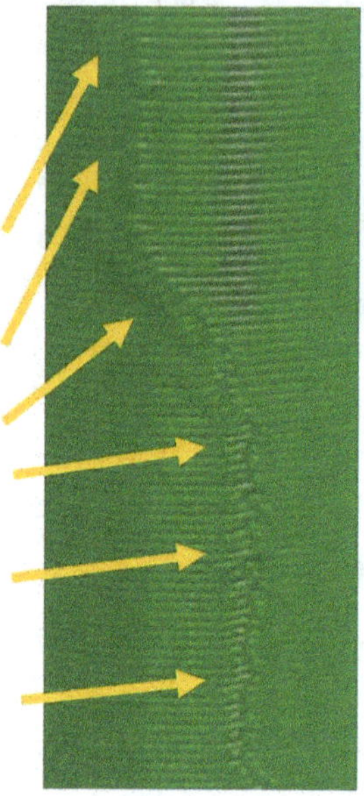

Figure 47: Un "z-seam" vertical est formé

Description:

Le couture en Z est visible sur la paroi extérieure. Le couture en z décrit une structure verticale visible à l'extérieur d'un objet imprimé. La couture est créée parce que l'imprimante 3D doit partir d'un point situé au début de chaque plan.

Informations de base: *Il est très difficile d'éliminer complètement. Cependant, il est souvent possible de la placer dans des endroits peu visibles ou de la dissimuler relativement bien en général.*

Causes et solutions possibles:

i.   Dans la zone du point de départ de la buse, il y a souvent une accumulation de matière, ce qui donne un "z-seam" vertical. Modifier le réglage du point "z-seam" de "Random" à une valeur définie (coordonnée x,y) dans une zone relativement invisible de l'objet. Ensuite, l'imprimante ne démarre pas le calque à une position aléatoire (ce qui peut entraîner des "Blobs" sur les parois de l'objet) mais remonte le couture en position verticale. Il est souvent très difficile d'éviter complètement

10 Problèmes de géométrie

10.1 Écarts dimensionnels entre l'impression et le modèle CAO

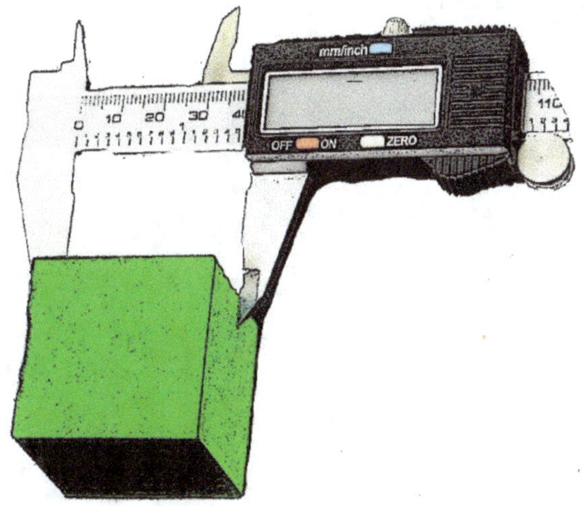

Figure 48: Mesurer le composant avec un calibre

Description:

L'objet imprimé s'écarte (de manière significative) des dimensions du modèle CAO.

Informations de base: Des écarts dimensionnels mineurs sont généralement inévitables. Si c'est le cas en continu et que des éléments imprimés en 3D doivent être assemblés, ce n'est généralement pas si mal, car les dimensions absolues des éléments ne s'ajustent pas, mais les tolérances relatives les unes par rapport aux autres sont à nouveau respectées. Cela devient difficile si les objets imprimés en 3D doivent être utilisés à d'autres fins ou si les écarts dimensionnels varient d'une impression à l'autre.

Causes et solutions possibles:

i. Vérifiez si le schéma d'erreur de la "Under Extrusion" ou de la "Over Extrusion" (voir chapitres 9.1 & 9.2) est présent (testez les étapes recommandées si vous n'êtes pas sûr)

ii. Si seules les premières couches de l'objet sont imprimées surdimensionnées, vérifiez le chapitre 9.9 ("Pied d'éléphant")

iii. Si vous n'arrivez pas à cerner le problème, vous pouvez également prévoir des tolérances plus ou moins élevées lors de la construction du modèle ou simplement mettre à l'échelle les différents objets dans le logiciel de découpage de 1 à 5 %

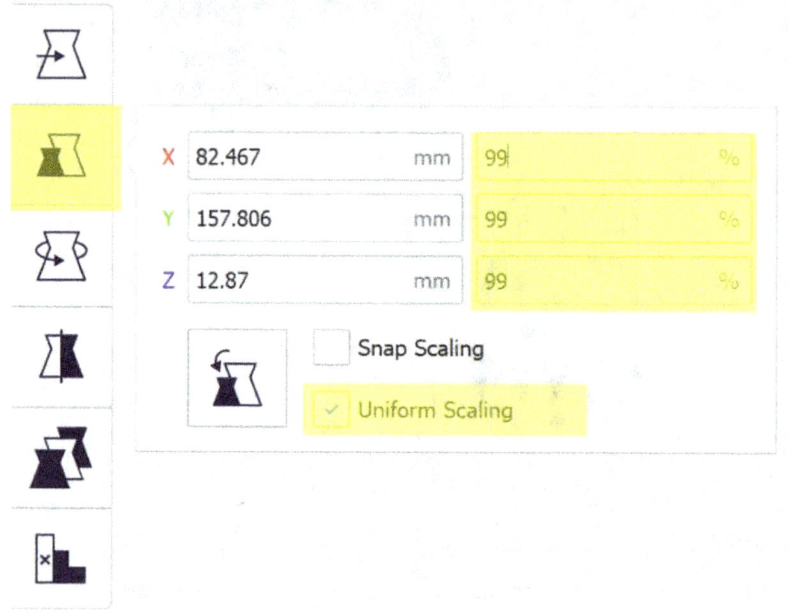

Figure 49: Modèle d'échelle en Cura 1% plus petit (uniforme)

10.2 Cercles ne sont pas imprimés en rond (mais en ovale)

Description:

Les cercles ne sont pas imprimés en rond, mais en ovale.

Informations de base: *Des écarts mineurs sont généralement inévitables. Avec un placement correct de l'objet, le succès peut déjà être atteint. L'axe d'un trou ou d'un cercle doit - si possible - être positionné verticalement, de sorte que l'influence de la gravité ne soit pas importante.*

Causes et solutions possibles:

i. Vérifiez les problèmes mécaniques: les courroies d'entraînement sont-elles suffisamment tendues? Les courroies d'entraînement transmettent-elles les mouvements des moteurs? L'axe z est-il intact?

ii. Réduire la vitesse d'impression

iii. Essayez de placer l'objet différemment (en particulier par rotation) dans le logiciel de découpage

10.3 Les éléments minces ne sont pas imprimés

Description:

Les éléments très fins ou petits ne sont pas imprimés.

Informations de base: *Si vous imprimez des éléments (par exemple, 0,3 mm) qui sont plus fins que le diamètre de la buse (par exemple, buse de 0,4 mm), il est possible qu'ils ne soient pas imprimés.*

Causes et solutions possibles:

i. Si possible, essayez de ne pas utiliser ou imprimer des structures plus fines que le diamètre de la buse de votre imprimante 3D. Il est également possible d'utiliser un diamètre de buse plus petit

ii. Activez également le paramètre: "Print Thin Walls" ou un paramètre de découpage comparable

iii. Vérifiez si vous pouvez modifier l'orientation de l'objet sur la plate-forme d'impression ou si une mise à l'échelle est possible

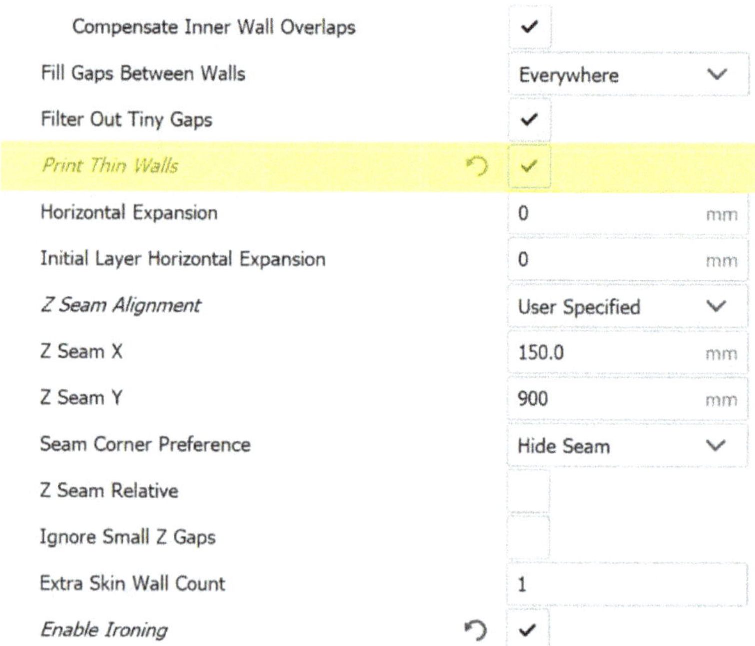

Figure 50: Activez l'option "Print Thin Walls"

11 Problèmes de remplissage

11.1 Remplissage généralement mauvais

Figure 51: Motif de remplissage mal imprimé

Description:

Le remplissage de l'objet imprimé est très mal imprimé qualitativement / quantitativement, présente des lacunes ou d'autres défauts.

Informations de base: *Si le composant n'est exposé à aucune charge et que la couche supérieure de l'objet est imprimée en bonne qualité, ce problème est négligeable.*

Causes et solutions possibles:

i. Utilisez les recommandations suivantes dans le logiciel de découpage:
   1) Réduire la vitesse d'impression, en particulier la vitesse d'impression de remplissage (si possible)
   2) Vérifiez toutes les étapes du chapitre 9.1 ("Under Extrusion")
   3) Augmenter la densité de remplissage (à 20 - 30%)
   4) Augmenter particulièrement l'épaisseur du remplissage (si possible)
   5) Essayez un autre modèle de remplissage

11.2 Le remplissage de l'objet est visible de l'extérieur

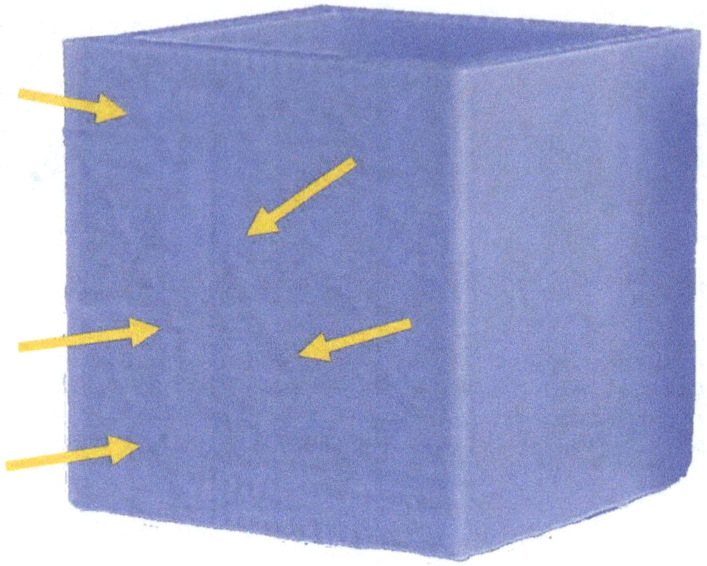

Figure 52: En regardant de plus près, on remarque la structure du remplissage

Description:

Le remplissage de l'objet imprimé est visible de l'extérieur.

Informations de base: *Un nombre approprié de parois extérieures augmentera le temps d'impression, mais devrait résoudre le problème de manière satisfaisante.*

Causes et solutions possibles:

i.   Utilisez les recommandations suivantes dans le logiciel de découpage:
    1)   Augmenter le nombre de parois extérieures (2-3 sont déjà optimales; correspond à une épaisseur de paroi de 0,8 - 1,2 mm avec une buse et une largeur de ligne de 0,4 mm)
    2)   La fonction: "Print outer walls before inner walls" peut également aider

12 Problèmes avec la structure de support

12.1 La structure de support ne peut être supprimée

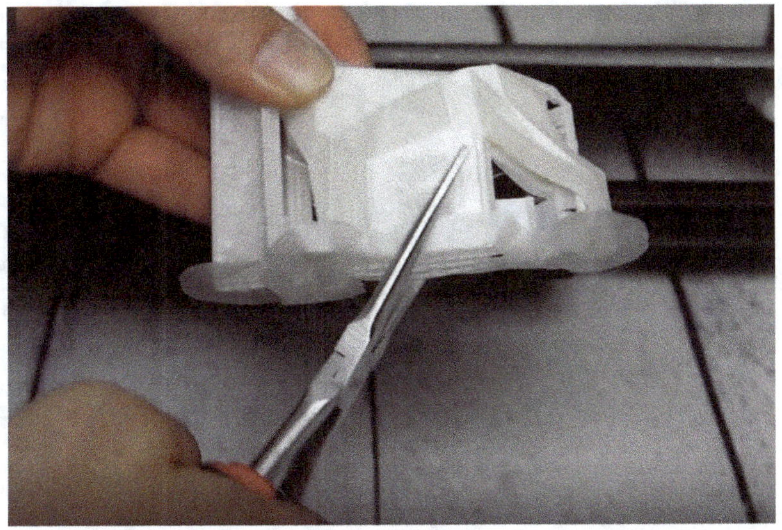

Figure 53: La structure de support ne peut être enlevée qu'avec une force élevée

Description:

La structure de support ne peut être enlevée qu'avec une force considérable ou en endommageant l'objet imprimé.

Informations de base: *En général, essayez d'utiliser le moins de structure de support possible. Vous pouvez généralement imprimer des débords allant jusqu'à 60° - certaines imprimantes ne peuvent imprimer qu'à 45° - sans structures de support. Un positionnement bien choisi de l'objet sur le lit d'impression crée un potentiel d'économie supplémentaire (les rotations sont souvent utiles).*

Causes et solutions possibles:

i.   Utilisez les recommandations suivantes dans le logiciel de découpage:
    1)   Réduire la densité de la structure de support (par exemple à 10 - 15%)
    2)   Augmenter la distance entre la structure de soutien et le modèle (distances x, y et z) ou utiliser un modèle différent pour la structure de support

12.2 Mauvaise qualité de surface dans le domaine des support

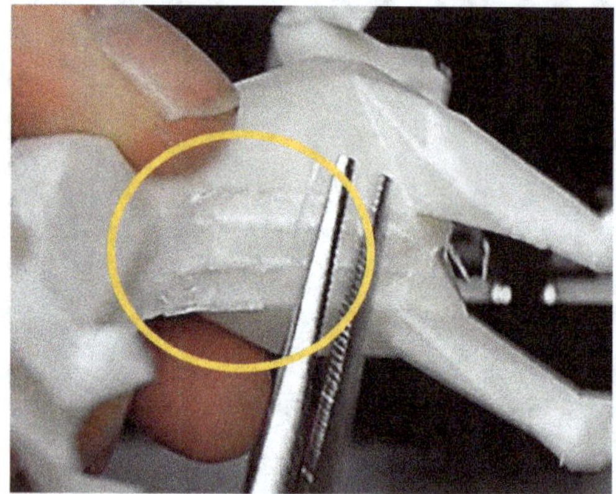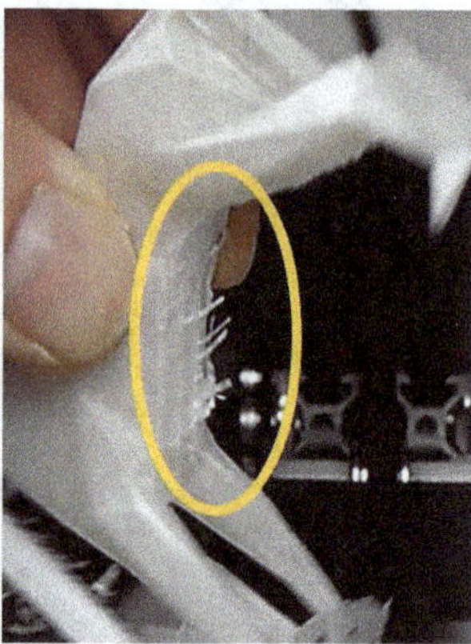

Figure 54: Une structure de support rugueuse et difficile à retirer

Description:

La qualité de la surface de l'objet imprimé est très mauvaise au niveau des structures de support

Informations de base: *Dans certaines zones de la structure de support, ce problème ne peut généralement pas être complètement éliminé. Si vous disposez d'une double extrudeuse (c'est-à-dire une imprimante 3D à 2 buses), vous pouvez utiliser un matériau hydrosoluble (par exemple du PVA) pour la structure de support et l'enlever après l'impression par un procédé de lavage. Les surfaces sont alors généralement de bien meilleure qualité.*

Causes et solutions possibles:

i. Utilisez les recommandations suivantes dans le logiciel de découpage:
    1) Réduire l'épaisseur générale du revêtement (une épaisseur de revêtement de 0,1 mm produit généralement des surfaces de très haute qualité)
    2) Augmenter la densité de la structure de support (par exemple à 20 - 40%)
    3) Augmenter ou réduire la distance entre la structure de support et le modèle (distances x, y et z ; des valeurs comprises entre 0,1 et 1 mm sont recommandées)

12.3 Les surplombs ne sont pas soutenus / la structure de support est de très mauvaise qualité ou est en baisse

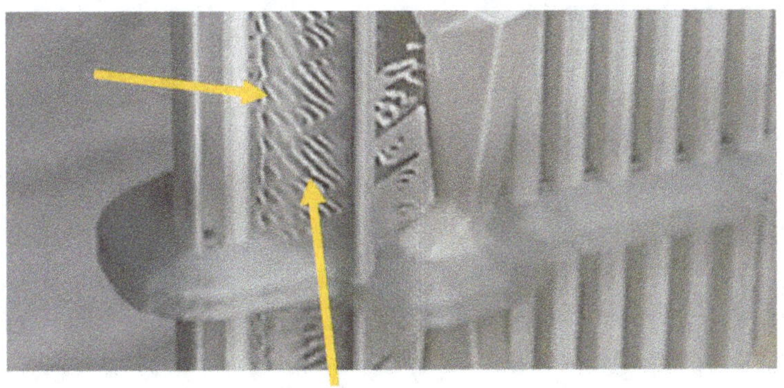

Figure 55: La structure de support est imprimée en très mauvaise qualité

Description:

La structure de support est déjà absente lors de l'impression ou ne soutient pas suffisamment les surplombs.

Informations de base: *Problème opposé au chapitre 12.1.*

Causes et solutions possibles:

i.   Utilisez les recommandations suivantes dans le logiciel de découpage:
   1) Augmenter la densité de la structure de support (à 20-30%)
   2) Réduire la distance entre la structure de support et le modèle (distances x, y et z)
   3) Utiliser un modèle différent pour la structure de support
   4) Utiliser le type d'adhérence: "Brim" pour améliorer le contact de la structure de support avec la plate-forme d'impression
   5) Utiliser la fonction: "Connect support structure" pour renforcer les différents éléments structurels
   6) Réduire la vitesse d'impression de la structure de support
   7) Si les surplombs ne sont pas pris en charge, vérifiez les paramètres de l'angle à partir duquel les surplombs sont pris en charge. Réduisez-le à environ 45°. Si possible, réglez aussi manuellement d'autres structures de soutien dans la zone du surplomb - si possible dans le logiciel de découpage

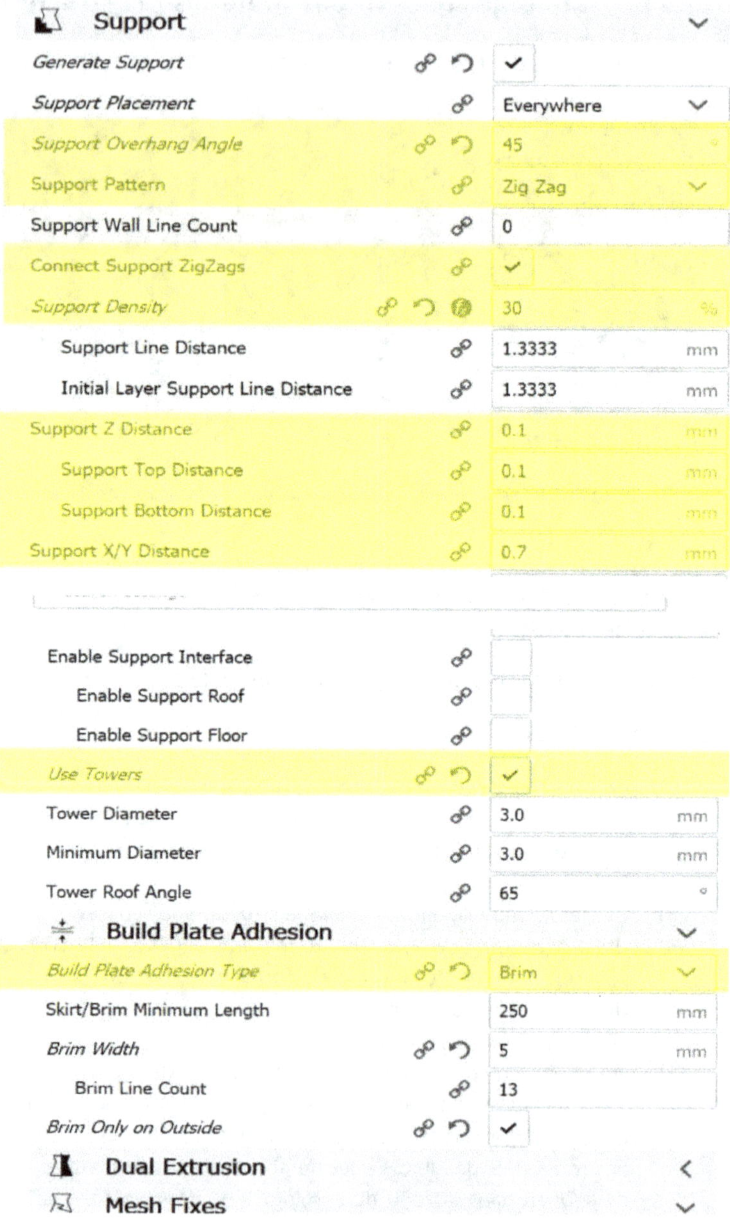

Figure 56: Paramètres spécifiques de la structure de support

13 Quintessence - Impression 3D de haute qualité

Quels sont les paramètres qui ont généralement la plus grande influence sur la qualité d'impression? Si vous efforcez d'amener votre imprimante 3D à ses meilleures performances de qualité, vous devez examiner en détail les paramètres suivants et effectuer des tests avec différents paramètres:

Épaisseur de la couche ("Layer Thickness"):

L'épaisseur de la couche est probablement l'un des paramètres les plus décisifs lorsqu'il s'agit de la qualité d'impression des parois latérales d'un objet. Si le temps d'impression le permet, il est préférable d'imprimer avec 0,1 mm. Un conseil d'initié dit aussi qu'avec une buse de 0,4 mm, vous devez sélectionner l'épaisseur de la couche par pas de 0,04 mm. C'est-à-dire 0,12 mm, 0,16 mm ou 0,20 mm. Bien entendu, le temps d'impression peut augmenter considérablement avec une épaisseur de couche plus faible.

Vitesse d'impression ("Print Speed"):

La vitesse générale d'impression d'une imprimante 3D, ainsi que les vitesses spécifiques pour les parois extérieures, les parois intérieures, le remplissage et le mouvement de la tête d'impression peuvent avoir un impact énorme sur la qualité. La vitesse d'impression recommandée est de 60-100 mm/s pour la vitesse générale et de 30-50 mm/s pour les murs et les premières couches. Veillez également à ce que les paramètres respectifs ne diffèrent pas trop.

Nombre de parois extérieures ("Number of outer Walls"):

Si possible, utilisez au moins deux parois extérieures, de préférence même trois ou plus. D'une part, cela permet d'éviter que la structure de intérieure ne soit visible à l'extérieur et, d'autre part, plusieurs parois extérieures dissimulent les irrégularités.

Paramètres pour le couture Z ("z-seam"):

Le "coutour en z" est la ligne verticale qui résulte des points de départ de la buse au niveau des différentes couches. Positionnez cette couture à un endroit peu visible (par exemple dans la zone du dos) en spécifiant la position (coordonnées x-y) dans les paramètres de découpage. En outre, vous pouvez utiliser le paramètre "Hide z-seam" (Cura). Si vous ne commencez pas le coutour z à une position x-y identique, mais que vous sélectionnez le point de départ "random", vous ne verrez pas de joint z défini dans l'objet imprimé, mais très probablement des "Blobs" ou "Zits". Néanmoins, vous devriez décider vous-même - par le biais de quelques séries de tests - quel réglage vous donnera un meilleur résultat d'impression.

Température d'impression adéquate ("Printing Temperature"):

Une température d'impression adéquate est la condition sine qua non de l'impression 3D. Il va sans dire qu'une température d'impression trop basse ou trop élevée gâche les meilleurs paramètres de découpage. Il existe deux moyens efficaces : 1) suivre les spécifications de température du fabricant de filaments (mais il ne s'agit généralement que d'une seule plage de température) et 2) imprimer une "Temperature Tower", que vous pouvez télécharger sur thingiverse.com. Dans les "gcodes" de ces fichiers, il est spécifié que la température de la buse est augmentée ou diminuée au fur et à mesure de la progression. Ainsi, des zones avec des températures d'impression différentes sont créées dans un travail d'impression et peuvent être comparées 1:1. Il suffit ensuite de choisir la meilleure température après une évaluation subjective de la qualité.

Fonction de lissage ("Ironing"):

La fonction de lissage dans Cura offre une très bonne possibilité d'affiner la surface d'un objet imprimé. Cette fonction permet de créer des surfaces de très haute qualité, ce que vous ne verriez pratiquement jamais dans l'impression 3D FDM.

Conseils finaux:

Si vous souhaitez tester l'effet des nombreux paramètres de votre logiciel de découpage, il est recommandé d'utiliser la fonction "Setting per object" (Cura) de la barre de menu (à gauche). Cette fonction vous permet d'effectuer un paramètre différent pour chaque objet et donc d'imprimer un objet plusieurs fois avec des paramètres différents dans une même tâche d'impression. De cette façon, vous pouvez très bien comparer les différents paramètres. Lorsque vous aurez enfin trouvé le profil de vos rêves d'impression 3D, n'oubliez pas de sauvegarder ces paramètres et de faire une copie de sauvegarde du profil. Pour ceux qui cherchent encore, il y a un profil d'impression 3D en annexe de ce livre, qui devrait déjà fournir des impressions de haute qualité (à utiliser de préférence avec l'imprimante 3D: "CR-10").

Merci beaucoup d'avoir acheté ce livre! Si vous l'avez aimé et l'avez trouvé utile, il serait très utile pour moi - et pour d'autres contemporains affligés par le "Warping" et le "Layer Splitting" - que vous rédigiez une brève critique de ce livre. Merci pour votre soutien!

14 Matériel en prime: profil optimisé pour Cura

Dépannage de l'impression 3D

Print settings
Profile   Druckerprofil_CR-10_sunlu_filament
search settings
Infill Acceleration   500   mm/s²
Wall Acceleration   500   mm/s²
Outer Wall Acceleration   500   mm/s²
Inner Wall Acceleration   500   mm/s²
Top Surface Skin Acceleration   500   mm/s²
Top/Bottom Acceleration   500   mm/s²
Travel Acceleration   5000   mm/s²
Initial Layer Acceleration   500   mm/s²
Initial Layer Print Acceleration   500   mm/s²
Initial Layer Travel Acceleration   5000.0   mm/s²
Skirt/Brim Acceleration   500   mm/s²
Enable Jerk Control   ✓
Print Jerk   20   mm/s
Infill Jerk   20   mm/s
Wall Jerk   20   mm/s

Print settings
Profile   Druckerprofil_CR-10_sunlu_filament
search settings
Infill Jerk   20   mm/s
Wall Jerk   20   mm/s
Outer Wall Jerk   20   mm/s
Inner Wall Jerk   20   mm/s
Top/Bottom Jerk   20   mm/s
Travel Jerk   30   mm/s
Initial Layer Jerk   20   mm/s
Initial Layer Print Jerk   20   mm/s
Initial Layer Travel Jerk   30.0   mm/s
Skirt/Brim Jerk   20   mm/s
Travel
Combing Mode   Within Infill
Retract Before Outer Wall
Avoid Printed Parts When Traveling   ✓
Avoid Supports When Traveling

Print settings
Profile   Druckerprofil_CR-10_sunlu_filament
search settings
Avoid Printed Parts When Traveling   ✓
Avoid Supports When Traveling
Travel Avoid Distance   0.625   mm
Layer Start X   0.0   mm
Layer Start Y   0.0   mm
Z Hop When Retracted
Cooling
Enable Print Cooling   ✓
Fan Speed   100.0   %
Regular Fan Speed   100.0   %
Maximum Fan Speed   100.0   %
Regular/Maximum Fan Speed Threshold   10   %
Initial Fan Speed   0   %
Regular Fan Speed at Height   0.2   mm
Regular Fan Speed at Layer   2

Print settings
Profile   Druckerprofil_CR-10_sunlu_filament
search settings
Regular Fan Speed at Layer   2
Minimum Layer Time   10   s
Minimum Speed   10   mm/s
Lift Head
Support
Generate Support
Build Plate Adhesion
Build Plate Adhesion Type   Skirt
Skirt Line Count   2
Skirt Distance   5   mm
Skirt/Brim Minimum Length   250   mm
Dual Extrusion
Mesh Fixes
Special Modes
Print Sequence   All at Once

Livres sur des sujets que vous pourriez également apprécier

Tous les livres sont disponibles en ligne sur les principales plateformes de vente. Il est préférable de rechercher le titre ou de visiter ma page d'auteur. Certains livres peuvent ne pas encore être publiés et ne seront pas disponibles avant un certain temps. Jetez un coup d'œil aux livres de votre choix et recevez-les chez vous sous forme de livre électronique ou de livre de poche !

Impression 3D :

CAO, FEM, FAO (Création d'objets 3D, Conception, Simulation) :

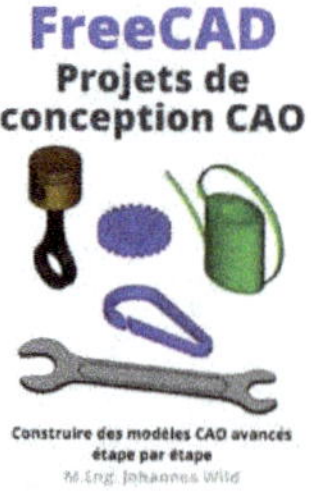

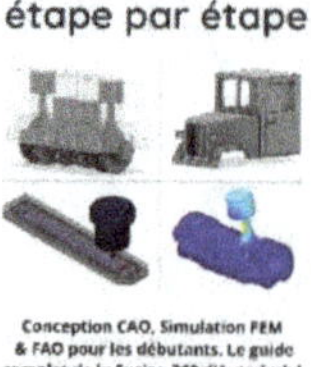

Ingénierie électrique :

Programmation et autres logiciels :

Des cours vidéo identiques sont également disponibles pour certains de ces livres :

L'impression 3D | Un guide étape par étape
Le guide pratique pour les débutants créé par un ingénieur! Conçu pour une entrée immédiate dans l'impression 3D!
M.Eng. Johannes Wild
4.1 ★★★★☆ (92)
1.5 total hours • 20 lectures • All Levels
Highest rated

La conception en CAO | Modélisation pour débutants
Le guide pratique pour débutants pour créer des objets 3D avec un logiciel de CAO gratuit (pour l'impression 3D,...)
M.Eng. Johannes Wild
5.0 ★★★★★ (2)
1.5 total hours • 15 lectures • All Levels

Fusion 360 étape par étape | CAO, FEM et FAO pour débutants
Le guide pratique d'AUTODESK FUSION 360 ! Apprenez la conception, la simulation et la fabrication auprès d'un ingénieur
M.Eng. Johannes Wild
3.9 ★★★★☆ (7)
3.5 total hours • 24 lectures • Beginner

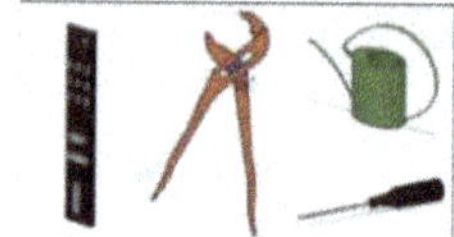

Fusion 360 | Projets de conception CAO - Partie 1
10 projets de conception CAO simples ou de difficulté moyenne expliqués pas à pas aux utilisateurs avancés
M.Eng. Johannes Wild
2 total hours • 12 lectures • Intermediate
New

...

Pour l'achat, vous pouvez vous décider sur la plateforme d'apprentissage "Udemy" :

Recherchez mon nom sur www.udemy.com :

M.Eng. Johannes Wild ou utilisez le lien suivant :

www.udemy.com/courses/search/?src=ukw&q=m.eng.+johannes+wild

Inscrivez-vous dès aujourd'hui et approfondissez vos connaissances !

Mentions légales de l'auteur / de l'éditeur

© 2023

Johannes Wild
c/o RA Matutis
Berliner Straße 57
14467 Potsdam
Germany

Courrier électronique : 3dtech@gmx.de

Cette œuvre est protégée par le droit d'auteur